AMAZING
RAINFOREST
OF BORNEO

婆羅洲

雨林野瘋狂

大樹自然放大鏡系列 7

黃一峰◎著

AMAZING RAINFOREST OF BORNEO

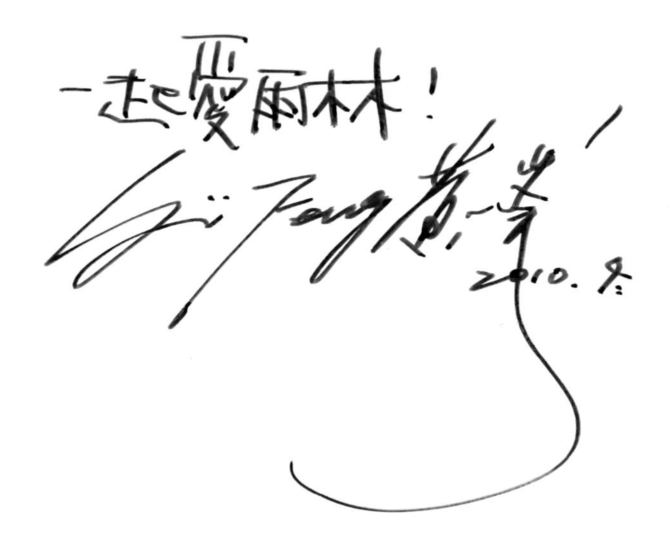

婆羅洲

雨林野瘋狂

AMAZING RAINFOREST OF BORNEO

Chapter 2 雨林怪客
Odd Ones Out In The Rainforest 64

Chapter 3 野性婆羅洲
Wild Borneo 128

Chapter 4 叢林飛羽
Birds Of The Rainforest 174

Chapter 5 奇花異草
Singular Plants To The Rainforest 204

夢想拼圖的完成

熱帶雨林對地球生態的重要，相信每個人都知道。但並不是每一個人都有機會親臨雨林，感受雨林的奇妙生態，以及親眼見證生活其間的繽紛多樣生命。更少有人可以花費十餘年的歲月，一再深入雨林，以攝影鏡頭將雨林的面貌一一捕捉，讓無法前進雨林的我們得以分享珍貴的雨林生態。黃一峰的『婆羅洲雨林野瘋狂』一書的出版問世不僅是他個人的夢想拼圖得以完成，也是台灣自然出版的一大盛事。

婆羅洲是世界第三大島嶼，也是距離台灣最近的熱帶雨林之一。與南美的亞馬遜雨林一樣，婆羅洲也面臨大規模伐木與開發的危機，雨林的面積正在大幅縮小當中。世界自然基金會(WWF)目前推動所謂的「婆羅洲之心」(Heart of Borneo)計劃，希望可以保留下足夠面積的雨林，讓雨林生物得以生存下去。時至今日，許多前所未見的新物種還是不斷被發現，顯見人類對浩瀚雨林知之甚少，如果不積極保育，不僅是人類的損失，更將是自然的大浩劫。

不過『婆羅洲雨林野瘋狂』一書並不是如此嚴肅看待雨林問題，反而是黃一峰十餘年的雨林體驗完整重現，其中有爆笑的情節，還有感動人心的目擊報告，以及許許多多的動物故事，讓人想要「一讀為快」。而精彩的生態攝影更是全書的精髓，沒有長時間的累積和守候，是不可能捕捉到這些難得一見的畫面。此外，生態插圖更是本書的特色之一，許多鮮為人知的雨林動物，不僅行蹤飄忽，資料更是少得可憐，黃一峰花了很長的時間蒐羅研究資料或是相關報導，才將奇特的行為或生態以插畫呈現於讀者面前。

大家常說「有夢最美」，對致力於自然生態知識推廣的大樹文化而言，這本書的出版無疑是另一個里程碑，除了台灣的自然生態之外，其實整個地球都是不可分割的大自然，只是以往限於台灣作者對國外的自然生態很難完成完整的作品，因此一直不曾出版這一類的書籍。

『婆羅洲雨林野瘋狂』的出版不僅是作者的夢想，也讓大樹文化的自然出版拼圖邁出另一步，但願可以鼓勵更多的創作者持續記錄自然，而不再有國界之分。

一窺神祕的雨林寶庫

熱帶雨林被認為是地球的肺，是地球的基因庫，它對地球的重要已無庸置疑，但近幾十年來，它卻被人類快速的摧毀，已到了難以恢復的程度。今天人類繼續以每分鐘兩座足球場的面積砍伐雨林，而我們台灣島民正是幫兇之一，想不到吧？我們用的紙張、合板等無數產品，大多是熱帶雨林樹木變成的，或許可以說：「我不殺伯仁，伯仁因我而死！」

一峰十多年來多次進出婆羅洲的熱帶雨林，拍攝下大批雨林中珍貴的鏡頭，現在配上他用心經營的文字，寫出這本老少咸宜的書，非常適合引領想認識、接觸熱帶雨林的讀者閱讀。

熱帶雨林的故事聽似傳奇魔幻，卻又千真萬確，更引人入勝。讀後不但會令人讚嘆熱帶雨林的神奇，也會驚艷自然的奧妙，更會激起想一窺熱帶雨林的渴望，這是一本可以閱讀也可以欣賞的好書。

荒野保護協會創會理事長．自然生態攝影家／
徐仁修

影響一生的旅行

2000年1月，我離開濕冷的台北踏上前往婆羅洲熱帶雨林的旅程。在那網路還不甚發達的年代，我在出發前留給家人的紙條上寫著：「我到婆羅洲熱帶雨林做生態紀錄。這是一個北臨南中國海的大島，此行的目的地是馬來西亞的屬地，能查到的資料很少，沒有更詳細訊息，只有當地嚮導的連絡電話…」。

這是我第一次出國，也是最不知所措的一次，因為當時網路並不發達，手頭找到的唯一資料就只有Time Life出版的『婆羅洲』一書。那一年，我剛從技術學院畢業，也是我在台灣的荒野保護協會擔任志工的第二年，保護生物多樣性的議題正在發燒，荒野創會理事長徐仁修老師號召一群夥伴前往有「世界基因寶庫」之稱的婆羅洲熱帶雨林考察，當時很幸運的，也讓初出茅廬的我一同前往。

到現在我仍然依稀記得，到達第一個國家公園時，映入眼簾的景象：兩隻鬍鬚野豬在草地上覓食，一大群長尾獼猴在一旁的樹上活動著，不遠處的森林，還傳來許多鳥類與昆蟲的叫聲…。在那一瞬間，我已經愛上這片土地！這趟旅行不但讓我見識到熱帶雨林豐富又奇特的生物群相，也讓我看到熱帶雨林遭受到的破壞和危機。這趟旅程除了讓我見識到雨林的奇幻世界，也體認到保護雨林的重要性，深受感動的一行人便鼓勵華裔導遊鄭揚耀先生，發起成立砂勞越荒野保護協會（Sarawak Sow），而催生砂勞越荒野的成立更讓我與這片土地結下不解之緣。

這次的雨林之旅讓我領悟，只要有心，每個人都能用自己的專長為自己生活的土地做一點事。這讓我開啟了人生的另一個方向，決定投入全職的自然設計工作，只接跟自然生態相關的設計案，並用最佳的方式將自然的美，深植在更多人心中。往後幾年間，我利用工作之餘擔任志工，與砂勞越荒野合作，帶領台灣荒野保護協會的朋友前進雨林，一起領略雨林的美麗與危機，並透過活動，將自己在雨林的見聞與知識與更多人分享。曾經有朋友問我：「熱帶雨林真的那麼好玩？我一個月逛一次街都嫌煩，你一個月竟然跑兩趟雨林！」的確，這片熱帶雨林每次都帶給我不同的體驗和驚喜，更是讓我深深著迷。

對於熱帶雨林，我們瞭解的實在太少，雖然現在網路已經發達無比，隨便上網搜尋都能看到非常多的雨林資料，但許多資料甚至書籍都無法讓人真正一窺雨林的樣貌。 為了讓更多人認識我們常「聽說」的熱帶雨林，我整理出這十幾年的紀錄與叢林經驗與讀者分享，希望這本以本土自然觀察者角度出發的書籍，能讓朋友們更能瞭解這片與我們息息相關的熱帶雨林！

這本書能夠出版問世，首先要感謝徐仁修老師引領我進入這片雨林，並給我機會讓我有能力與更多人分享雨林之美，也要謝謝大樹文化張蕙芬總編輯的包容，因為身為公司的美術設計，卻常常要求休假，而休假的理由都是「我想念雨林」！

很多朋友笑我傻，丟下工作，犧牲假期去帶活動、拍雨林，這樣值得嗎？其實每一次前往婆羅洲，對我而言都是休假，也是難得與野豬、紅毛猩猩、長鼻猴等老朋友相見的機會。我用僅有的時間，帶著更多朋友用生態旅行的方式，愛護自然、關心雨林，一邊著手記錄這片雨林的美麗與哀愁，並和更多人分享雨林的重要；這僅僅只是盡我一己之力保護雨林的一個開端，我期待有一天，能因為我的分享，讓更多人瞭解雨林、喜愛雨林，進而能將這岌岌可危的熱帶雨林保留下來。

這是影響我一生的旅行，也是讓我找到人生方向的旅行，熱帶雨林帶給我身心靈的愉悅，也帶給我更多人生的啓發。雖然每次到婆羅洲都要忍受潮濕悶熱的氣候，每天衣服濕了又乾、乾了又濕，還要忍受各種蚊蟲的叮咬，以及螞蝗的抽血！但問我還會不會繼續前進雨林，我會說：「一定會，而且至死不渝！」。雖然我只是個生態攝影師，但期待用自己專長，將雨林的美傳遞出去，讓大家知道還有這一個看似遙遠卻非常重要的地方，用一張張的攝影作品為雨林請命，希望能喚起大家關注這片土地，以保留這個基因寶庫，同時這也是我們能夠留給後代最珍貴的資產！

yi Feng 黃一峯

婆羅洲熱帶雨林——

讓人瘋狂的神奇之地

婆羅洲，這是一個讓我為之瘋狂的地方。婆羅洲是世界第三大島，分別隸屬馬來西亞、汶萊與印尼三個國家。

位在赤道上的這片土地，沒有四季，只有旱季和雨季之分，終年高溫。雖然氣候炎熱，但雨水豐富，年雨量可達四千公釐左右，平日濕度高達百分之七十五。每年4月到10月是旱季，11月到來年3月是雨季。在我們眼中看起來極不「友善」的氣候，卻造就了這方土地的神奇，這裡是地球上生物最豐富的地方之一。婆羅洲熱帶雨林造就了豐富的生態系統，也是地球上重要的基因寶庫；據科學家推算，婆羅洲雨林目前被發現的物種大約只是這個大島的三分之一，還有三分之二以上的物種，尚待人們去發掘與研究。

這片距離我們只有三到四小時飛行距離的土地，面積約為台灣的21倍大，它的浩瀚與遼闊僅僅次於我們所熟悉的亞馬遜雨林。

也許有些人會問，熱帶雨林離我們也有一大段距離，到底為什麼要保護它？其實這可關係到我們每天的呼吸與生活。雨林被稱為「地球之肺」，這裡製造出來的氧氣與我們的呼吸息息相關！不但如此，雨林樹木生產的木材、紙漿甚至連後來砍伐雨林所種植的油棕，也都深深影響我們的生活。

婆羅洲島分屬三個國家：
馬來西亞、汶萊以及印尼

（楊維晟攝）

英國的自然學者華萊士(Alfred Russel Wallace)在1854年到1862年間，用8年時間遊歷馬來群島的無數島嶼，共採集了十二萬餘件的生物標本。這些親身經歷以及生物標本，讓他研究出物競天擇的理論，更讓他提出一套關於當地動物分佈的「動物地理學」觀念，他注意到婆羅洲(Borneo)與蘇拉威西島(Sulawesi)、峇里島(Bali)和龍目島(Lombolk)之間，似乎有著一條隱形的界線，將兩邊的生物物種分開，華萊士觀察發現，峇里島的鳥類與爪哇島幾乎相同，但在距峇里島僅約30公里的龍目島，卻只有50%的鳥類與峇里島相同。

他將這條界線東邊稱為「印度馬來區」，西邊稱為「澳洲馬來區」，科學界為紀念他的發現，將劃分這兩區的界線就稱為「華萊士線」。這兩大動物區都蘊含了生物演化史相當重要的生物，線的東邊是有袋動物族群生活的區域，線的西邊則以犀鳥、猿猴、肉食動物為主要族群，婆羅洲處於這條界線的分界地帶，這個島嶼對於地球的特殊性與重要性可想而知。從2000年第一次踏上婆羅洲開始，我就被這片豐饒的土地深深吸引，從那一刻起，我便開始持續用相機記錄這片神奇的土地上各種各樣特殊的生物。

當我開始深入瞭解這片土地，我發現這是一個二十四小時充滿驚喜的地方！白天的雨林有著飛鳥、猿猴、攀蜥等生物在林間穿梭覓食（CD曲目：11、14、15）；直到夜幕低垂，夜裡的雨林又換上另一批生物上場，夜行性的飛鼯猴、懶猴、昆蟲、蛙類…，加上猶如音樂派對的小鼓聲、沙鈴聲、胡琴聲各式各樣的聲響，讓人感覺這裡簡直就是一個的不夜城（CD曲目：1、2）！記得第一次跟我到婆羅洲的尊賢大哥曾開玩笑說：「在雨林裡，處處是驚奇，隨時都在按快門。」這十幾天內所拍的照片數量，跟他這輩子拍過照片的數量差不多！不但拍的手軟，更誇張的是，他的閃光燈還閃到燒掉！從這裡就可以知道這片雨林有多大魅力了！

熱帶雨林的生物多樣性讓人驚奇，只要你願意放空自己，拿出你的觀察力和好奇心，這裡就像一個自然劇場，一場場生命的戲碼就在你眼前上演。在這裡，每天在鳥鳴中醒來，在蛙鳴中睡去，這種富有野趣的生活，或許是像我這樣每天身處都市叢林的人最奢侈的享受吧。

與我一起進入婆羅洲的熱帶雨林吧！看看我鏡頭下的雨林到底有多麼令人瘋狂，也希望能夠透過我的紀錄，讓您一窺雨林的鮮為人知的瑰麗面貌。

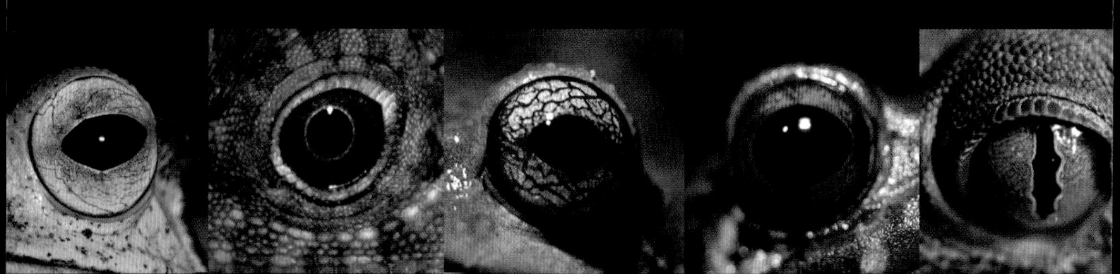

在1855年初的雨季，華萊士就住在砂勞越(Sarawak)的山都望(Santubong)山上的小屋裡，整理撰寫自己在熱帶旅程中所調查的物種分布形態。

浩瀚的婆羅洲熱帶雨林，不知還有多少神
秘的生物深藏在其中，等著我們去探索！

M G

Chapter 1

魔法雨林

IN THE RAINFOREST

走在森林裡，樹枝莫名其妙的飛了起來，樹葉正在樹幹上爬行，

樹梢的苔蘚竟然會換位置，地上的枯葉也跳動著……

Magic In The Rainforest

雨林隱身術

INSECTS HIDE AND SEEK

走在婆羅洲熱帶雨林裡，樹枝莫名其妙的飛了起來，樹上的樹葉正在樹幹上爬行，樹梢的苔蘚竟然會換位置，地上的枯葉也跳動著⋯，看到這裡，你一定以為我精神錯亂！但事實並不是如此，因為我正身處婆羅洲的魔法雨林之中！

婆羅洲，正如它那充滿異域風情的名字一樣，是一座神話般的島嶼，這座世界的想像之島，以生物的多樣性征服了眾多科學考察者和探險者。而除了在雨林間穿梭而過的紅毛猩猩和長鼻猴等靈長類動物之外，這裡綿延的熱帶雨林還隱藏著無窮的秘密。即便是親眼所見，你的眼睛也很可能會被蒙蔽——種類以及數量龐大無比的「隱形客」們，因為劇烈的生存競爭，生來便身懷絕技，每天都在這片土地上演著精彩的「捉迷藏」。

這裡昆蟲偽裝術的巧妙，只能用出神入化來形容。古人有言：「只能意會不能言傳！」若非親眼所及，你是絕對不會相信昆蟲能把自己偽裝成另外一種模樣。在這片雨林的孕育之下，這裡的昆蟲種類不但繁多而且相當的特殊，光是一棵低海拔的巨大龍腦香樹上，就足以提供超過1000 種以上的昆蟲棲息。由於掠食者眾多，生存競爭劇烈，昆蟲也開始演化出各式各樣不同的求生技能，偽裝術是牠們最常使用的伎倆。

偽裝成枯葉的擬葉短角螳。在我靠近牠的那一剎那，這一片「枯葉」直接倒在落葉堆裡，一動也不動，以欺騙我的視線。

若蟲

我們比較熟悉的偽裝昆蟲—竹節蟲，能偽裝成樹枝、竹枝，就已經夠讓人們讚歎不已了。然而在婆羅洲的熱帶雨林裡，竹節蟲的偽裝發展出眾多異常特殊的樣貌，光我親眼所見，就發現牠們能偽裝成苔蘚、地衣、枯枝、爛樹葉，甚至是長滿尖刺的藤枝。

樹葉蟲（葉蟖）在婆羅洲也是赫赫有名的隱身高手，牠模擬的是綠色樹葉，有著水滴形身體四肢扁平的牠，連身體的不規則外緣都和樹葉一模一樣。更有意思的是牠連移動時，都本能地搖搖晃晃，模擬樹葉被風吹動的樣子，這副模樣真可以頒給牠生物界的最佳演員獎了。有的樹葉蟲則是全家老小一齊上陣，成蟲偽裝為正常樹葉，若蟲則偽裝成植物的嫩葉，連體型大小和顏色都考慮得無比周全。

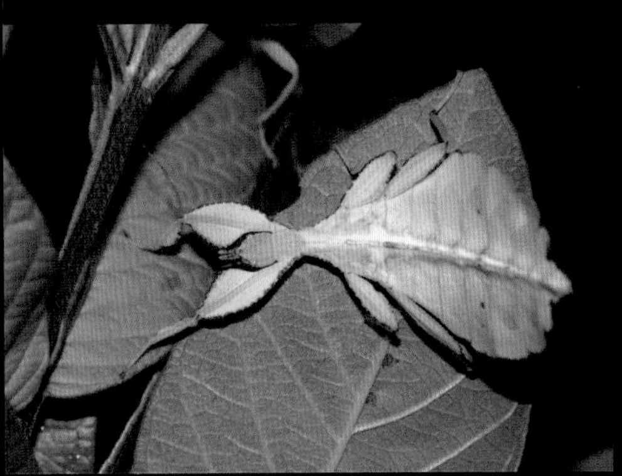

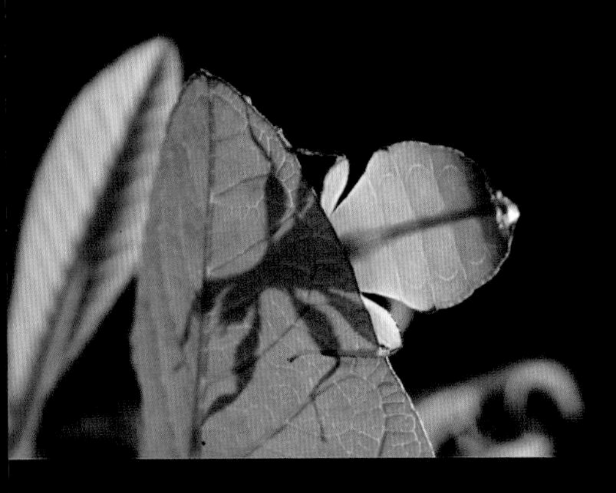

在雨林裡遇見偽裝樹葉的樹葉蟲（葉蟖），真的有種神經錯亂的錯覺！牠身上不但有葉脈的紋路，連走路都模仿樹葉被風吹動的樣子，真是維妙維肖。我見過一種樹葉蟲的若蟲（僅 1cm），是鮮紅色的，有可能是為了模仿植物嫩葉或是要隱身在紅褐色落葉裡。

當然，掠食者也不落人後。這裡的螽蟴、螳螂也是模仿樹葉的高手，光我親眼所見，就超過 10 種以上的螽蟴模仿各種形態的葉子，不論是枯葉、嫩葉、黃葉或是破葉子都有，更令人嘖嘖稱奇的是，這些葉子上面或多或少都有一些模擬的破洞（不是真的破洞，而是有色差或呈白色），破洞邊緣還會細心的描繪出被生物啃食過的黑褐色痕跡。

一隻螽蟴就曾在我的眼前演出了「大變樹葉」的一幕——當牠感覺到危險後，立刻把身體變扁，並攤平翅膀，好似一片綠葉掛在樹上完全不動。我因為拍照時手肘不小心碰了牠一下，牠馬上像一片葉子般飄落到樹下的枯葉堆裡，在落地的一剎那，牠的身體迅速捲縮成長條狀，宛如一片捲曲的乾落葉，馬上完美的隱身在落葉堆之中，如此迅速的應變能力，真是讓人嘖嘖稱奇！

我常用「捉迷藏」這種孩子間的遊戲，被抓到的輸家嘻笑著接受懲罰，來形容生物的偽裝，但大自然的生存競爭不是兒戲，牠們的「捉迷藏」是要賭上性命的。偽裝能讓生物騙過強敵，卻也能讓一些守株待兔的「隱形」掠食者機會大增，捕食與被捕食，「道高一尺，魔高一丈」的隱形進化鬥法每天都在輪番上演著。想要在這片神秘的魔法雨林生活，各個生物都必須身懷絕技，因此也造就了眾多出神入化的隱形高手。

如果你有機會看到會動的綠葉、會飛的樹枝、會走的青苔，不要懷疑，請相信你的眼睛，因為這是老天爺正在為你施展神秘雨林的古老魔法！

這隻綠螽斯你有發現牠的存在嗎？（圖1.2）蝗蟲也是模仿高手，可以模仿枯葉（圖3），也可以模仿被啃過的葉子（圖4）。

螽蟴模仿的樹葉還不忘破洞和斑點（圖 5.6.7）除了綠葉也有模仿黃葉的螽蟴（圖 8）苔蘚螽蟴也偽裝是高手（圖 9）。

京本停棲在樹葉上的綠葉螽蟴，在感受到危險的時候，會將自己的身子壓扁貼在樹葉上。

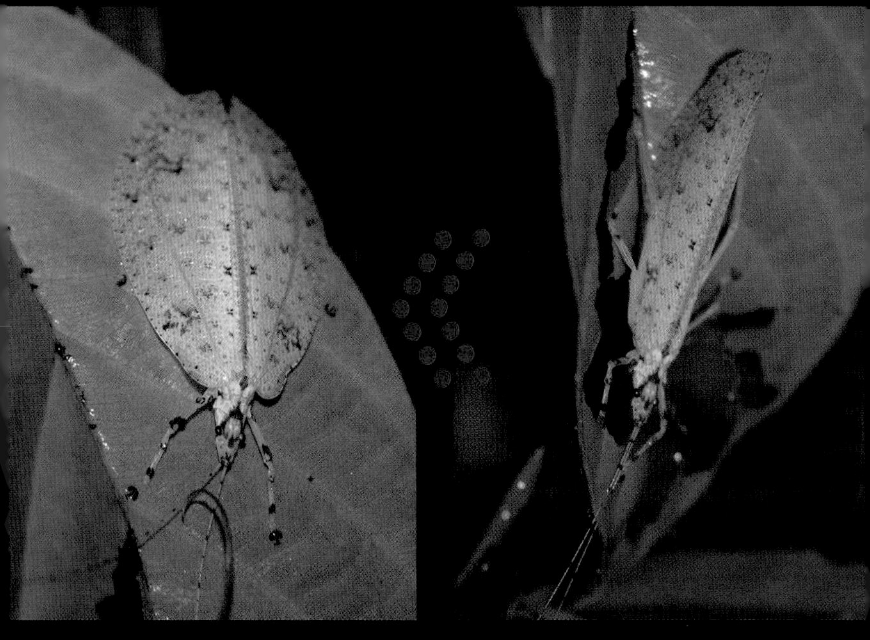

這種螽蟴我稱它為「胡琴螽蟴」，因為牠會發出像似拉胡琴的鳴叫聲（CD 曲目：03）。若不是牠在鳴叫時被我

這隻葉螽蟴，躲在跟自己身上斑紋相似的葉子上，不仔細看，真的會忽略牠的存在。

只有一公分的苔蘚竹節蟲躲藏在苔蘚裡，很難發現。

這隻竹節蟲一遇到危險立刻倒下偽裝斷掉的樹枝。

鬼竹節蟲吊在樹枝上偽裝成落葉欺騙天敵的眼睛。

這隻竹節蟲除了擁有樹枝狀的體態，身上還有黑白斑紋，像極了落葉堆裡被菌類覆蓋的枯枝。

Chapter 1 Magic In The Rainforest

幻影殺手

PHANTOM KILLER MANTIS

在婆羅洲的熱帶雨林裡，屬於昆蟲掠食者的螳螂，易容術也是不遑多讓，如果你曾經見過蘭花螳螂，那絕對是讓你嘖嘖稱奇的昆蟲獵手。

蘭花螳螂除了體色與花朵顏色相近外，胸部、腹部都演化成花瓣的形態，連胸足與腹足都好似經過縝密設計似的也貼上了一片花瓣，這副裝扮好讓牠們可以安然地躲藏在花叢中，守株待兔地窺視前來採蜜的昆蟲，並在蟲子靠近的那一刻，伸出牠的鐮刀手，獵物馬上手到擒來。

花螳螂的一齡幼蟲長得和成蟲完全不一樣，紅黑相間的緊身皮衣，讓牠看起來十分時尚！但這樣的裝扮，我推測可能是因為花螳螂從螵蛸孵化出來時，會先在森林底層活動，這一身紅黑裝扮是牠們在能在紅褐色落葉裡活動的特殊偽裝。

而牠們身上的花瓣是在脫了第二次皮之後，隨著蛻皮增加才慢慢「長」出這種花造型，讓牠一站到花梗或樹枝前端上，馬上變成一朵花！這真可堪稱是大自然的完美傑作。

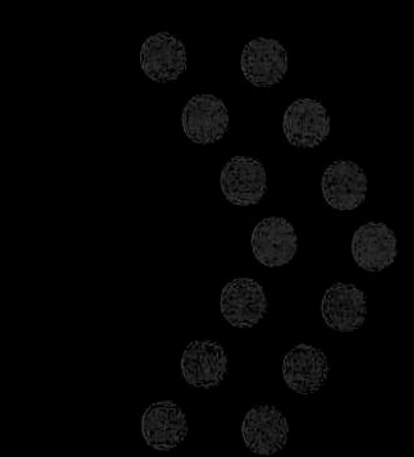

蘭花螳螂的成蟲腹足前端膨大成花瓣狀，再加上白裡透紅的體色，讓牠一站上枝頭，就像似一朵綻放的花朵，吸引不知情的昆蟲前來訪花。

花螳螂的初齡幼蟲有著紅黑相間的裝扮，長得和成蟲完全不一樣！這一身紅黑裝扮是牠們在能在紅褐色落葉裡活動的特殊偽裝；而牠們身上的花瓣是在脫了第二次皮之後，才慢慢「長」出來的。

站在花朵上等待獵物的蘭花螳螂若蟲，若不仔細觀察，可能無法發現牠。

除了傳奇的擬花螳螂以外，我還見過模擬葉子的螳螂，牠們的前胸背板特化成盾狀，前翅還有著如樹葉葉脈般的紋路，模擬的葉子形態分成兩種，一種是枯葉的，另一種是新鮮的綠葉。大約十公分長的枯葉螳螂，身體褐色的牠就躲藏在森林底層的落葉堆裡，如果牠們不移動，保證根本無法發現牠的蹤跡。而綠葉螳螂顧名思義則是全身綠色，前胸背板比較橢圓，與新鮮樹葉相似，前翅也有著深綠色的葉脈刻痕，專門躲在樹叢葉子堆裡將自己裝成一片嫩葉，等著不知情的獵物送上門。昆蟲遇上這種掠食者，可能連自己是怎麼被吃掉的都搞不清楚吧！偽裝成花與樹葉的螳螂已經夠特別了，還有運用保護色將自己變成樹皮的樹皮螳螂，這種螳螂身體較扁平，能夠與樹皮緊貼，體色是黑綠白三色斑點與條紋交雜組成。有一次我在樹上發現這種螳螂，要我的同行夥伴一起來拍牠，我的好友助伯拿著 micro 鏡頭趕來，大概過了快十分鐘，等到大家都拍完離開了，助伯才輕聲問我：「樹皮螳螂在哪？我只看到樹皮！」此時的螳螂正在他眼前，距離不到 5 公分之處，而看半天卻遍尋不著體型大約 6 公分左右的牠，顯然樹皮螳螂的偽裝術超級成功。

枯葉螳螂前胸背板特別寬大，上翅有著像似葉脈的花紋，跟地上的枯葉幾乎一模一樣。

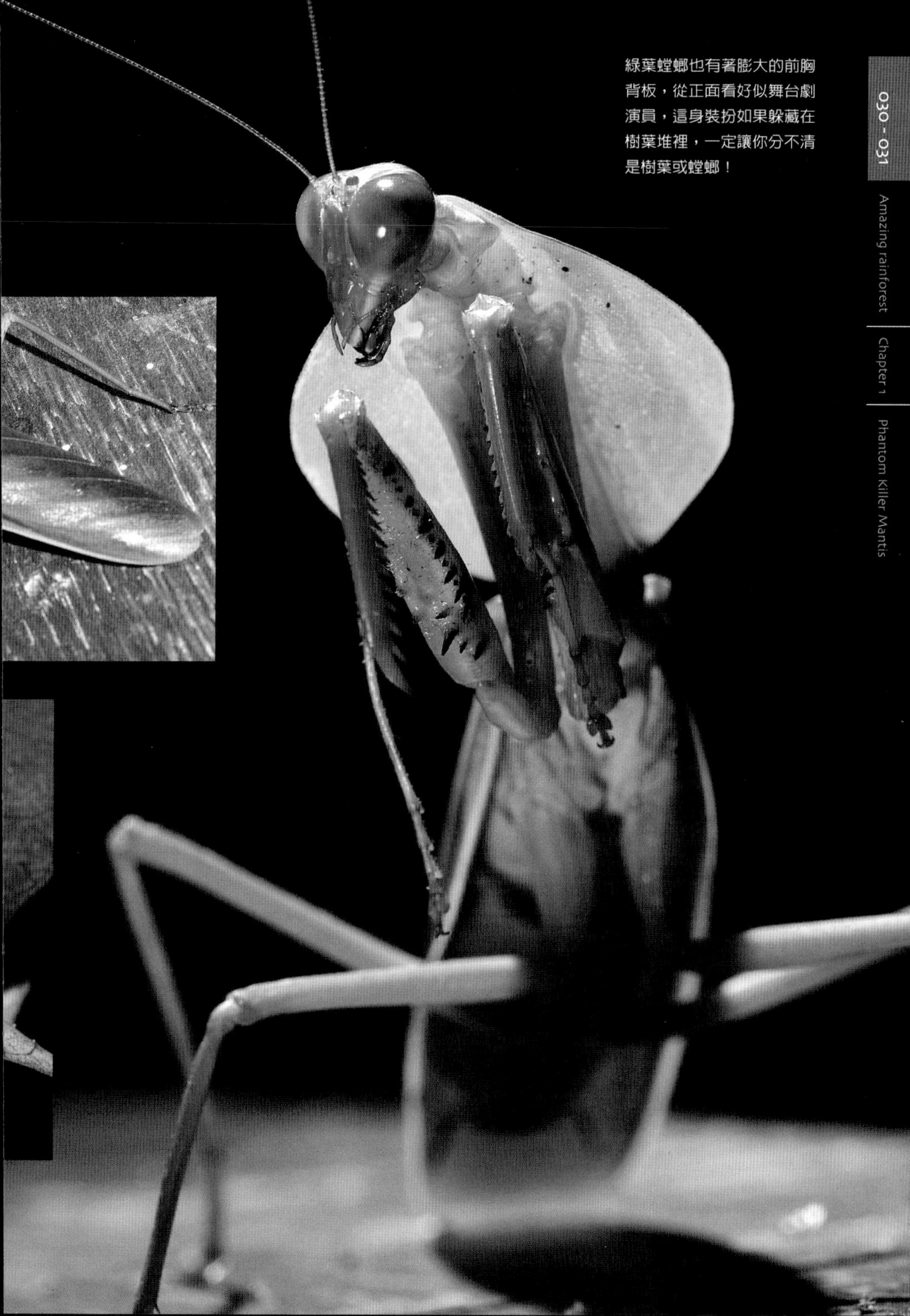

綠葉螳螂也有著膨大的前胸背板，從正面看好似舞台劇演員，這身裝扮如果躲藏在樹葉堆裡，一定讓你分不清是樹葉或螳螂！

婆羅洲雨林裡的奇怪螳螂不勝枚舉，有像外星人的、像機器人的、像蟑螂的、偽裝成苔蘚的⋯，而在 2010 年初我遇到了一種更奇怪的螳螂，牠的體型大約有 18 公分，身上像是被植物的根纏繞著的枯木，尾端還有兩片鮮黃色有如菊花花瓣的東西，模樣極為特殊，我從來沒見過這樣的螳螂，也找不到相關的生態資料，只知道牠是巨樹枝螳螂的一種。看到這隻螳螂，已經讓我夠驚奇的了，我的森林嚮導 Andrea 給我看她用手機拍下的另外一隻巨樹枝螳螂，當場讓我瞠目結舌。這隻巨樹枝螳螂也將近 18 公分，牠的全身顏色猶如汽車的特殊烤漆一般，從黃色頭部漸層到胸部，胸部到腹部為桃紅色，尾端也掛著兩片猶如花瓣的東西！看到這樣特別的螳螂，實在讓我對於造物者感佩不已！

在這片彷彿有著魔法的森林裡，還不知藏著多少我們未知的生物，也許用盡一生的追尋，還是無法窺探它神秘的樣貌！繼續探索與追尋雨林的神奇生物，也成了我探索生命的志業！

樹皮螳螂身體較扁平，能夠與樹皮緊貼，體色是黑綠白三色斑點與條紋交雜組成。

這種巨樹枝螳螂（*Paratoxodera* sp.）體色鮮豔到令人吃驚。（Andrea kiew 攝）

不知名的巨樹枝螳螂（*Paratoxodera sp.*）身體好像被植物根系纏繞的樹枝，尾端還有著兩片像似花瓣的構造，奇特模樣，讓人嘖嘖稱奇。

體型巨大的馬面螽蟴 (Dragon-headed Katydid)
身上猶如穿著棘刺盔甲，造型特殊。

怪蟲一族

AMAZING INSECTS

在婆羅洲雨林裡，昆蟲為了求生存，用盡了各種方法，偽裝、擬態、躲藏各有各的求生之道。在這個充滿各式生命奇蹟的叢林裡，還有許許多多奇怪的蟲子在這裡生活著：造型奇特的長吻臘蟬，就讓我印象深刻。這一類長吻蠟蟬，我見過綠色、白色以及深綠色的，樣貌都有一些不同，但都有一個相同的特徵─超長的頭部，有些的種類頭頂末端呈球狀，陽光一照射，好像頭上帶了個亮燈，所以就有「提燈蟲」的俗名。

有一次我在吃晚飯時與怪蟲相遇也讓我印象深刻，那時有一隻灰藍色的蟲子被燈光吸引，剛好停在餐桌旁的樹上，那隻蟲子雖然有 12 公分左右，但其貌不揚引不太起我的興趣。當我吃完飯正準備離開時，身體不小心掃到了牠停棲的葉子，灰藍色蟲子嚇了一跳，之後竟然在頭部與胸部相接之處，鼓起了一個像似安全氣囊的黃色突起物，當我一頭霧水，還搞不清那黃色東西有何作用時，牠已經飛離我的視線！之後我依照當時拍下的幾張照片到處搜尋，只查出了那怪蟲是擬葉螽蟴科（Pseudophyllidae）的一員，除此之外，關於這個「怪客」的相關記錄少的可憐！雨林之大，怪蟲無奇不有，連一隻其貌不揚的蟲子，都可能讓你極度的驚艷！

這隻蠡蟴有張藍色的臉，真是夠奇怪的。

雨林裡的蠡蟴換個角度看都有有趣的發現。

馬面蠡蟴 (Dragon-headed Katydid) 有張特殊的臉，牠的翅膀偽裝成落葉，有著葉脈的斑紋。

灰藍色的螽蟴感受到危險時，在頭部與胸部之間，出現了一個黃色的氣囊，來嚇唬掠食者。

綠長吻臘蟬與婆羅洲巨蟻有著共生關係，巨蟻負責守衛臘蟬的安全，而臘蟬會分泌體液讓巨蟻分食。

這隻頭部紅色身體白色的長吻臘蟬，造型相當奇特。

這兩隻停棲在大樹上的長吻蠟蟬頭頂末端呈球狀，陽光一照射，好像頭上帶了個亮燈，「提燈蟲」的俗名十分貼切。

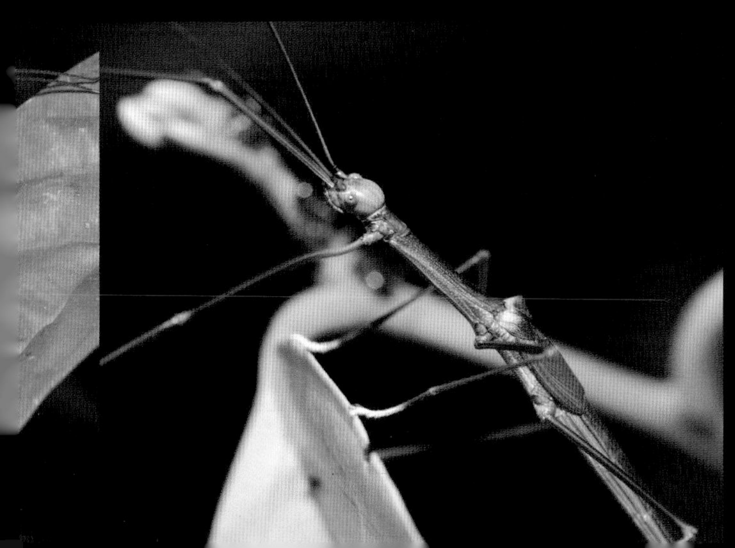

說到婆羅洲雨林裡的怪蟲，當然不能漏掉這個明星——竹節蟲，牠除了是個偽裝高手，看看牠的多樣造型以及奇怪的體態與艷麗體色，稱牠為變裝高手也不為過。

Chapter 1 Magic In The Rainforest

叢林魅影

BUTTERFLIES & MOTHS

婆羅洲熱帶雨林中特殊的蝶類和蛾類相當有名，種類更是多到讓人數也數不清。在這神秘的雨林裡，就屬鳳蝶科的紅領巾鳥翼蝶（*Ornithoptera brookeana*）最讓我印象深刻了。英國博物學家——華萊士在『馬來群島自然考察記』一書中這樣描述紅領巾鳥翼蝶：「這隻美麗的生物有修長的尖翅，形狀酷似天蛾；牠身上呈黑絨深色，有一道由燦爛金綠色斑點組成的曲帶橫穿過翅膀，每一個綠斑就像一小片三角羽，活像墨西哥咬鵑的鳥翅羽排列在黑絲絨布上；蝶身唯一的其他種花色是一條鮮紅寬頸帶，以及後翅外緣上的一些細白斑…。」這隻展翅寬達 18 公分的美麗蝴蝶，飛過幽暗雨林時，輕拍著帶有螢光綠斑紋的翅膀，在森林底層穿梭，好似一個發著綠光的精靈，讓我看得目不轉睛。牠是世界上最大型的鱗翅目昆蟲之一，棲息在低地和低海拔山林區，喜歡有溪流的環境。雄蝶的外形比雌蝶更引人注目，鮮紅色的頭部搭配著深黑色的翅膀，光彩奪目的黃綠色三角斑紋點綴在身體的邊緣，這樣特殊的紋路與大膽的配色加上碩大的體型，更加增添牠迷人的神話色彩。

紅領巾鳥翼蝶翅膀上的三角斑紋，因為角度不同，有時看起來是黃綠色，有時看起來是藍綠色，色彩不同卻同樣耀眼，這是美麗鳥翼蝶身上所具備的特殊結構色。

在雨林裡與紅領巾鳥翼蝶相遇的那一刻，讓我十分驚豔。體型碩大的牠，輕拍著螢光綠斑紋的翅膀，穿梭幽暗森林，是讓人難忘的雨林風景。

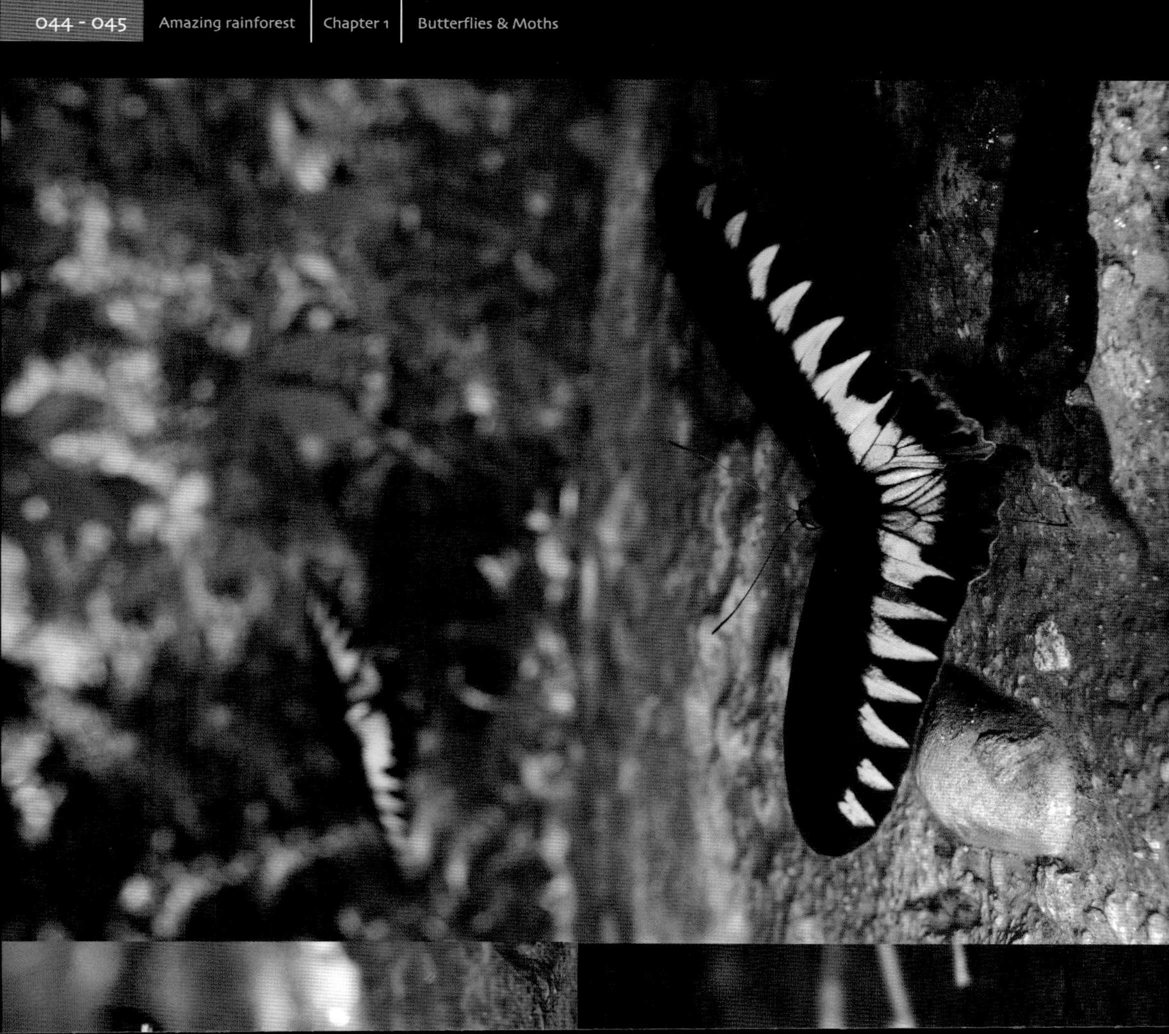

▼ 海蓮納裳鳳蝶 *Troides helena*

▲ 金裳鳳蝶 *Troides amphrysus*

除了世界知名的紅領巾鳥翼蝶，婆羅洲雨林裡讓人眼睛為之一亮的蝶類，還有海蓮納裳鳳蝶 (*Troides helena*) 及金裳鳳蝶 (*Troides amphrysus*)。這兩種裳鳳蝶的外觀與台灣的黃裳鳳蝶非常相似，牠們對比極強的深黑色的前翅和亮黃色的後翅都讓我驚艷，有機會遇見牠們飄盪在雨林樹冠層間，緩慢且悠閒地振翅飛行，在微風中的輕盈姿態，絕對讓人印象深刻。

白天雨林有閃亮的蝶影，夜裡則有特別的飛蛾可追。只要有一盞燈，各式各樣的蛾類就會來到這裡報到，有色彩鮮豔的、偽裝葉子的、造型特殊的…，各有各的奇妙，也各有各的特色。曾有個愛拍照的朋友跟我到婆羅洲，第二天睡眼惺忪，我問他原因，他告訴我，一個晚上都在廁所裡沒睡覺，我以為他吃壞肚子，結果他說：「廁所的日光燈引來太多蛾，而且一隻比一隻還漂亮，拍著拍著，天就亮了！」

看到這裡，也許很多人想問我，婆羅洲到底有多少蝴蝶與蛾類？但就如同當地一本書中所寫的：「別想知道婆羅洲有幾種蝴蝶類與蛾類了，只有笨蛋才會去猜想這些，因為目前發現的種類還一直不斷地增加中！」我想我們不是科學家，不要一直拘泥多少種的問題，生物多樣性豐富的婆羅洲一定有更多未知的物種還等著我們去探索呢！

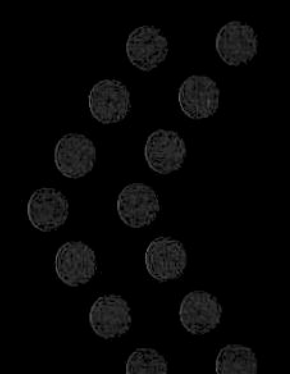

身著黑色與黃色大衣的婆羅洲裳鳳蝶色彩對比強烈，只要牠一出現，絕對是眾人注目的焦點。

燕蛾
尺蛾

等到夜幕低垂，各式各樣的蛾類紛紛出籠，大燕蛾穿著燕尾服上場，其他蛾類也各自帶著奇特的裝扮翩翩起舞。這婆羅洲熱帶雨林的夜宴，也是每日上演的蛾類化妝舞會。

Chapter 1 Magic In The Rainforest

人臉的印記

MAN FACED INSECTS

「啊，快來看啊！葉子上的蟲蟲怎會有一張臉？」友人的小孩阿泰從森林裡的步道跑出來喊著！在婆羅洲記錄雨林生態多年的我，看過的特殊生物多到見怪不怪，但長著人臉的椿象，可就沒見過！循著阿泰指的位置看過去，葉子上果真有一隻黃色的椿象，牠的背面有像似眼睛的兩個黑點、一條猶如嘴巴的彎線，露出的一截黑色翅膀好似頭髮，看起來像極了一張黃色的臉，兩旁還裝飾著黑白鄉間的鬢角，看到這模樣有趣的昆蟲，大家都嘖嘖稱奇！這隻屬半翅目椿象科的昆蟲叫做人面椿象(*Catacanthus nigripens*)，牠背上的那一張臉，讓牠成了東南亞熱帶地區的明星昆蟲！看過許多人拍攝的相片後發現，雖然每隻人面椿象背上都有著頭髮、眼睛、鼻子、嘴巴來組成一張臉，但就跟人一樣，沒有一張臉的「長相」是一模一樣的！

很多人對此提出疑問，為何椿象會有人臉的圖案？甚至還有靈異節目繪聲繪影的討論，這是受到鬼靈附身的蟲子，生人勿近！其實這些疑慮都源自於我們人類，把自己的想像加諸於生物身上，看似人臉的圖紋只是這種椿象的保命法寶，這種方式被稱為「體色切割」。人面椿象背上的鮮豔黃色色塊，交雜著看似人類五官的黑色以及少許白色斑點，讓牠們在森林活動時，可以融入陰影之中，讓掠食者無法一眼判斷出其形體，因此增加逃命的時間而逃過一劫！

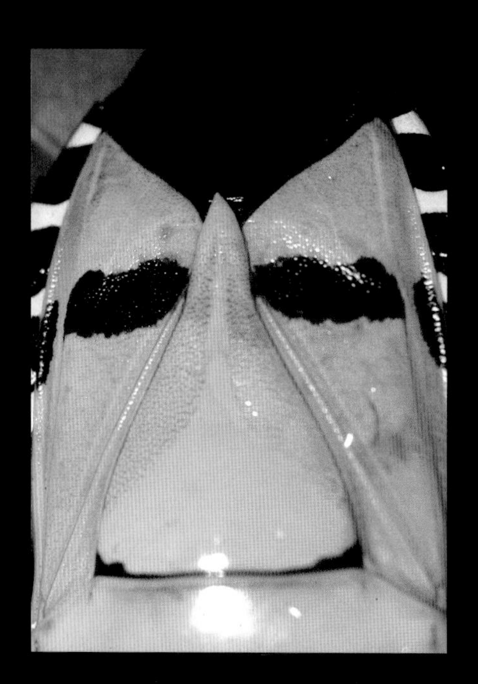

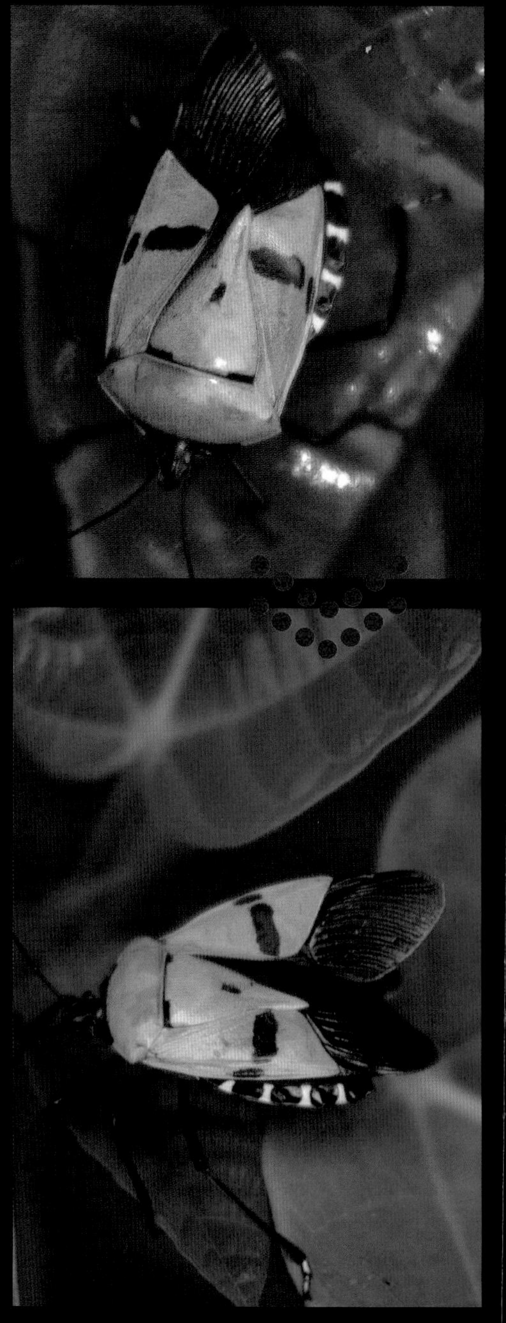

人面椿象背上花紋像極了一張人臉，雖然是同一種椿象，卻是每一隻身上的表情都不一樣！右圖這隻椿象看起來像似一個老先生的臉龐，換個角度看，原來他是因為受過傷，翅膀合不起來，才有這種特殊的面貌！

這隻椿象背上有張像似小丑的花臉。

背在身上的人臉圖案，只能說是純屬巧合，對人面椿象來說，牠才不在乎人類看到的是什麼樣的臉，最在意的反而是天敵看到牠的樣子！

不過如果在熱帶雨林裡的自然觀察裡加入一些想像力，而不是一昧追究生物的真正名稱，那麼進入雨林就會變得非常有趣！因為光是椿象，我就曾經遇見過像鮭魚生魚片的椿象（發現牠的時候，我肚子正好很餓！）、背部像皮革的椿象、像似小丑花樣的椿象…等等，發揮一下想像力，就能把牠們的模樣牢牢記住。

婆羅洲的雨林生物無奇不有，蛾類身上也常可以找出特殊的人臉圖案，遲了牠們以外，還有許許多多身上帶著人臉般圖案的昆蟲存在這個寶地之中，有機會造訪這裡的熱帶雨林，不妨找尋一下這些充滿趣味與巧合的小生命吧！

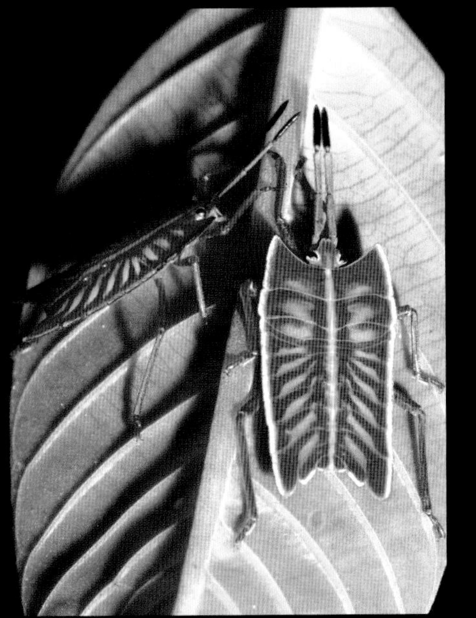
這隻椿象若蟲看起來像不像鮭魚生魚片？

有著好似皮革質感的椿象。

Man Face Moths

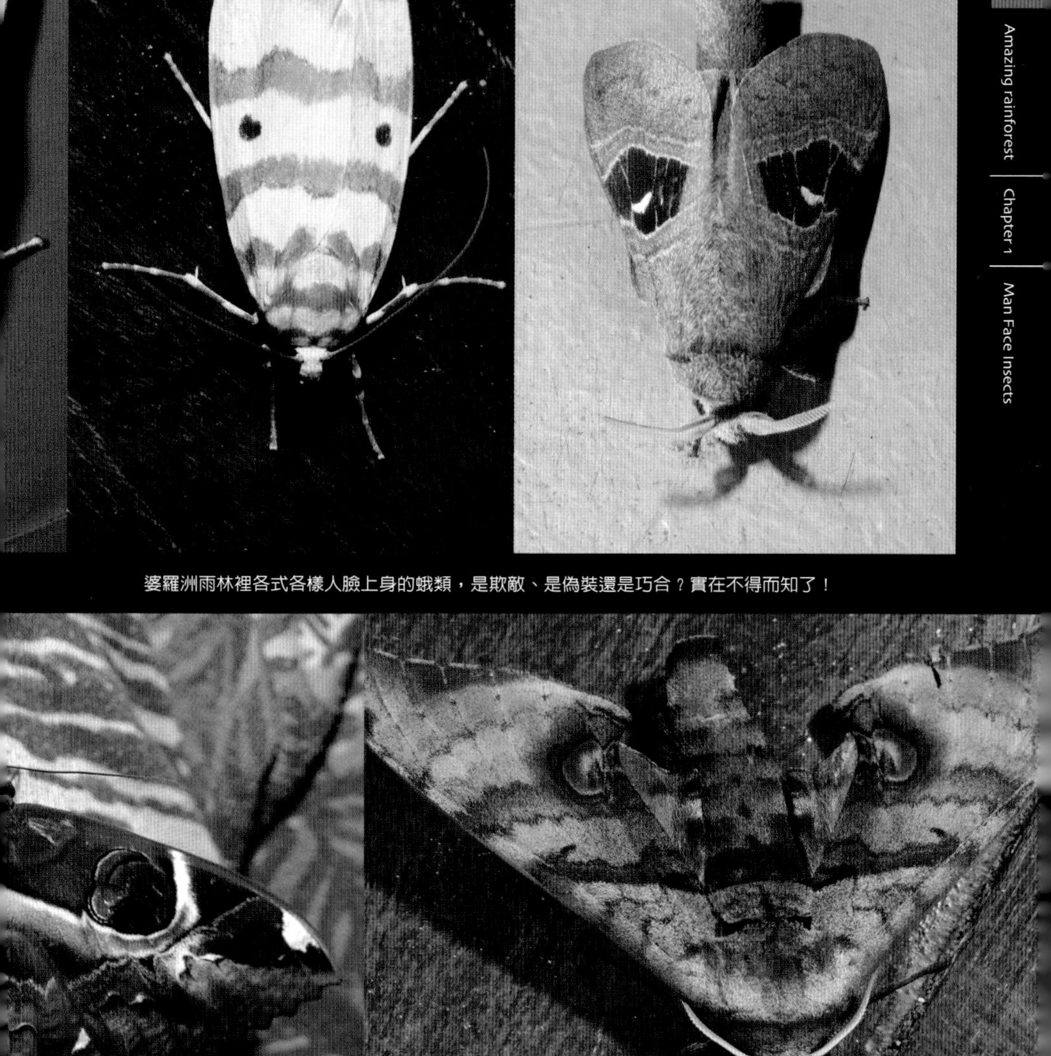

婆羅洲雨林裡各式各樣人臉上身的蛾類，是欺敵、是偽裝還是巧合？實在不得而知了！

鐵甲兵團

ARMORED CORPS BEETLES

到婆羅洲熱帶雨林之前，我就被那擁有三根犄角的南洋大兜蟲深深吸引，這隻特別的甲蟲，全身黑的發亮，造型就像史前時代的三犄龍一樣！在台灣的寵物店裡，不難看到一直是人氣商品的南洋大兜蟲，直到親身進入熱帶雨林之後才發現，要在野外找到牠的蹤跡，實在是非常困難，能夠一睹牠的風采，大多都是因為牠受到燈光的吸引，趨光前來我們住宿的森林木屋前，才有機會一睹這個婆羅洲赫赫有名的鐵甲武士。

以前以為南洋大兜蟲只有一種，這幾年拍攝下來，才知道一共有三種不同的種類都叫做南洋大兜蟲，一般俗稱的南洋大兜蟲是指學名為 *Chalcosoma caucasus* 的種類，又稱為高卡薩斯南洋大兜蟲，是亞洲地區體型最大的兜蟲，三根細長的特殊犄角加上將近 13 公分的體型以及和墨綠色的金屬色澤，有種高貴的武士威嚴！其他兩個種類是安特拉斯大兜蟲 (*Chalcosoma atlas*) 和婆羅洲大兜蟲 (*Chalcosoma mollenkapi*)，外形雖然有些差異，但三種大兜蟲的酷炫造型都一樣散發出讓人無法不多看兩眼的魅力！

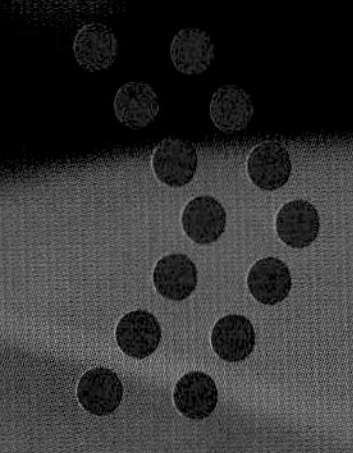

南洋大兜蟲因為種類差異，因此犄角樣子都不太一樣。右下的姬兜蟲，犄角很短，與南洋大兜蟲的長角差異極大。

小提琴蟲 (Violin beetle) 也是婆羅洲非常奇特的一種甲蟲，屬於步行蟲的牠，橢圓型加大的褐色翅鞘，讓牠看起來像一把小提琴。牠棲息在樹皮朽木以及樹皮縫隙之中，肉食性的牠們會使用長長的頭部在樹木的小縫隙尋找獵物。

這個孕育多樣生物的雨林，除了大型的南洋大兜蟲讓我著迷之外，還有一種當地人稱為三葉蟲的蟲子，也讓我印象深刻。這種長得像史前三葉蟲的昆蟲，是三葉蟲型的紅螢科昆蟲，外表相當原始，有著長形的身體，身體上有著黑褐色的盔甲，還鑲著紅色突起的線條，特殊的體型，如果不是昆蟲攝影家楊維晟提醒我觀察前三個突出體節，以及和身體不成比例的小小頭部，我可能還會一直以為牠是某種馬陸，孰不知道這個長相特殊的傢伙竟是一種甲蟲！

這一型的紅螢雌蟲沒有鮮豔體色，有利隱身在枯木中。

也被人稱為「三葉蟲」的紅螢，身長大約 7 公分且體色鮮豔的牠已經是成蟲，很難相信牠也是一種甲蟲。

除了特殊造型的甲蟲，會偽裝的甲蟲在這裡也是屢見不鮮。有次看到一棵龍腦香大樹的板根上，有一塊會移動的苔蘚，仔細一看，才知道是一隻大約 8 公分大的叩頭蟲在移動，身體背面的白色與咖啡色斑紋，不仔細看，還真認不清牠是什麼昆蟲！除了叩頭蟲，我還遇過全身白色的大金龜子從長著白色苔蘚的樹皮上起飛，這些精心打扮的甲蟲，若是靜靜停棲在樹皮、苔蘚上，真的很難看出牠們的身影！

婆羅洲熱帶雨林的甲蟲，為了保命，有的發展出大犄角的武器，沒有犄角的就偽裝自己，為的就是要在這競爭劇烈的雨林裡，求得一線生機！

這隻偽裝成苔蘚的叩頭蟲若不是牠正在移動，真的沒法發現牠，而直到看到牠胸部的彈器，才確認牠是隻叩頭蟲。

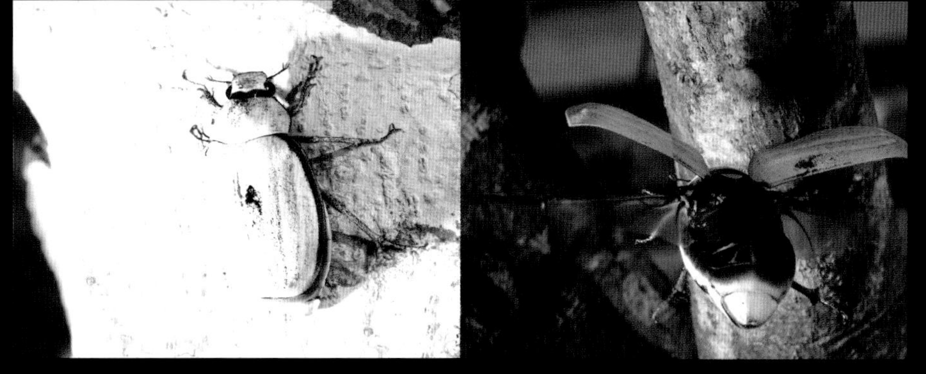

一隻白色的金龜子躲藏在樹幹的白色斑紋之處，經過光線照射幾乎隱身在樹上，直到牠展翅飛起，才露出馬腳。

0

Chapter 2
雨林怪客

ONES OUT IN THE RAINFOREST

在婆羅洲熱帶雨林裡，飛行不是鳥兒的專利，這裡原本不會飛的生物——

蜥蜴、青蛙、壁虎、蛇和鼯猴…都有辦法凌空一躍，在天空滑翔著！

Chapter 2 Odd Ones Out In The Rainforest

雨林滑翔客

GLIDERS OF THE RAINFOR

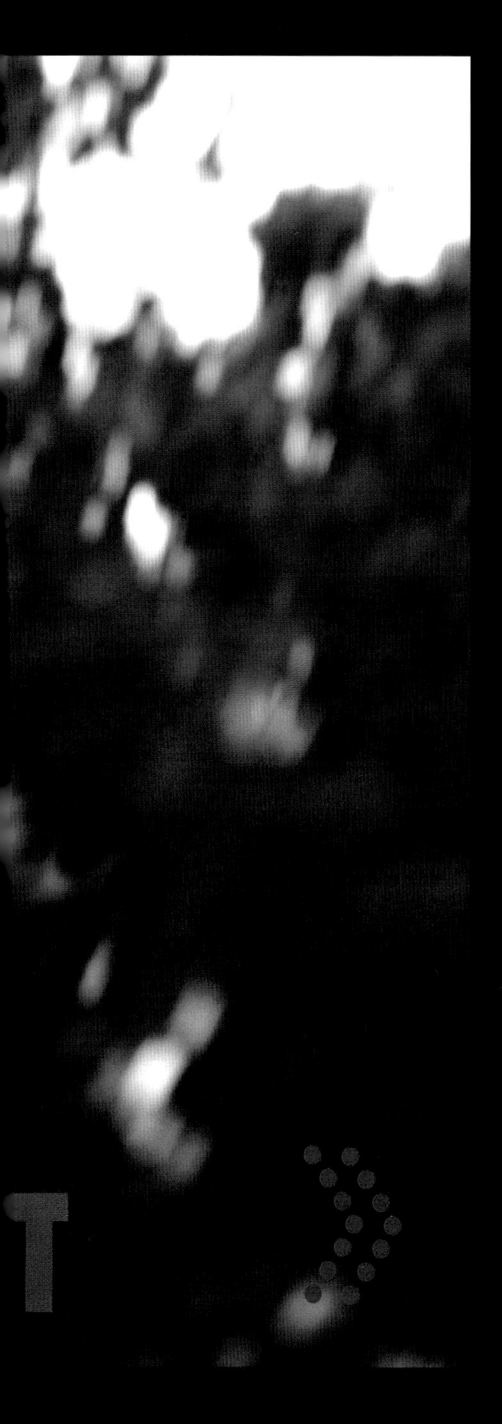

根據科學調查，婆羅洲擁有 30 種以上會滑翔的動物種類，除了這裡以外，世界其他地區的雨林裡罕有會滑翔的生物，也許與這裡特殊的森林環境有關。婆羅洲雨林的代表樹種是龍腦香科植物，樹高最高約可達 90 公尺，它開花的時間不定，結果的次數又少，因此使得生物的食物來源相對於其它地區的雨林來得更加稀少，動物覓食的範圍勢必要更為擴大而且距離也更遠。因此動物在森林間覓食與移動都必須更加有效率，大自然賜與部份的生物擁有「滑翔翼」，讓許多原本不會「飛」的生物有了「飛」的神力！這種神力幫助牠們在樹與樹之間移動時，不需要大費周章地下到樹底，再費力爬上另一株樹幹，減低了體力消耗以及遭天敵獵食的危機。

想要追蹤這些滑翔客是一項高難度的挑戰，不僅需要經驗，更要有好運氣，因為你從來不知道在什麼時候才能和牠們相遇。有一回，我在樹叢間拍攝太陽鳥，這種鳥的體型嬌小，不易追蹤，只能頂著烈日在林子裡守候。就當我快耐不住雨林的悶熱與蚊子大軍的圍攻之際，眼角餘光瞄到有東西飛過，我急忙轉身搜尋，卻什麼也沒看見，才沒過一會兒，黑影又從一旁「飛」過，我將鏡頭對準牠降落的地方，仔細一瞧，只有一隻與樹幹顏色很接近的瘦長蜥蜴，那麼…剛才那隻飛「鳥」呢？我正納悶之際，蜥蜴突然抬起頭，撐起身子，下巴露出三角形的「色塊」，在陽光的照射下，耀眼的金黃色一開一闔，像在揮舞著一面旗幟。我正看得入神，從上方樹叢又爬下來一隻同種的蜥蜴，兩隻蜥蜴一相見，便開始互相展示彼此的金黃喉囊，遠看好像正在打旗語！不一會兒，下方的蜥蜴似乎感受到威脅，轉身側跑，然後往空中一躍！這可真是一幅神奇的畫面，蜥蜴展開了收藏在身體側邊的橙紅色翼膜，飛起來了！原來這隻其貌不揚的蜥蜴就是馬來飛蜥蜴。

擁有滑翔翼的馬來飛蜥蜴，可以說是生物界的奇蹟了！牠天衣無縫的將滑翔翼收納在身體兩側，前肢與後肢間的體側皮膚特化成具有自由收縮功能的薄膜，可以藉由肋骨的支撐向左右兩側水平展開，類似雨傘的結構，卻發揮如同鳥類翅膀般的功能，讓牠們能夠在樹林間自由穿梭。因為飛蜥蜴的種類不同，各有橙色、黃色或黑色等不同鮮艷花紋所組成的薄膜，平時都藏在飛蜥蜴身上，一旦遭遇天敵攻擊時，瞬間展「翅」滑翔，還兼具嚇阻功能，提高逃脫的機率。神奇的身體構造，實在讓人無法不佩服造物者的巧思！

飛蜥蜴除了有滑翔翼，威嚇同類時，下頷的三角形喉囊會瞬間開闔，好像打著「不要靠近我」的旗語！

飛蜥蜴往空中一躍，張開收藏於身體兩側的滑翔翼，就這樣有如輕功般「飛」到另外一棵樹上。

收藏於身體兩側的滑翔翼，展開時的構造有如雨傘，特殊的滑翔翼不用時平貼身體，不會干擾飛蜥蜴爬行。

不讓飛蜥蜴專美於前，在這個神奇的熱帶雨林裡，小小的壁虎也跟牠一樣，擁有滑翔的特異功能。記得第一次見到飛壁虎，那天是我在森林裡走的又熱又累，正要扶著龍腦香的大板根喘口氣，當我的手碰觸到樹幹時，有個軟軟的褐色生物從我指尖竄出，嚇了我一跳，從牠往樹幹爬上去的模樣，認出那是一隻壁虎（守宮），但當牠爬到距離我頭頂一公尺高，卻突然往樹外一跳，又在我頭頂畫出一道完美的弧線，直到降落到我前方的樹上，這時已經有看過飛蜥蜴經驗的我，已經不是嚇得目瞪口呆，而是興奮的大叫：「我遇到飛壁虎了！」

其實這種飛壁虎在婆羅洲雨林並不少見，但牠一身深褐色交雜著淺色不規則斑紋的皮膚，加上盡量讓自己身體平貼樹皮的偽裝技巧，讓牠能夠在樹幹上幾乎完全隱形，與樹幹融為一體，所以想要見牠一面，非得要有高超的眼力不可！除了絕佳的隱身術，飛壁虎良好的滑行配備更是一絕，牠的四肢指尖有可以幫助滑翔的蹼，加上平時收藏在頭部、四肢外側與尾巴外側的膚褶，在天空滑翔時都會同時展開，讓身體的面積增加，以增加滑翔時的浮力，遠走高飛！

飛壁虎一身深褐色交雜著淺色不規則斑紋的皮膚，讓牠能夠平貼在樹幹上時幾乎完全隱形。

Another parachuting gecko from the lowlands
body robust; tail tip ending in a broad robust;
Tail tip ending in a broad flap;
dorsum grey or reddish-brown with 4~5
Wavy dark brown transverse bands.

飛壁虎的四肢指尖有可以幫助滑翔的蹼，頭部、四肢外側與尾巴外側的膚褶會在天空滑翔時都會同時展開，讓身體的面積增加，以增加滑翔時的浮力。

飛壁虎靜止不動時，會壓低身體，並張開四肢趾尖的蹼，仔細觀察身體四周的膚褶清晰可見。

講到雨林滑翔客，就一定得提到飛鼯猴 (Malayan flying lemur ,colugo) 這種特殊生物，記得第一次與牠初遇也是令人難忘！還記得當時天色剛暗下來，我正準備進入森林做夜間觀察，一個像是抹布的黑影正從前方的樹冠往下墜落，我抬頭一看，正好看見眼前的那塊「布」掠過頭頂，並「黏」在身後的樹上，不一會，這一塊「布」還往樹的高處爬上去，過程不過短短幾秒鐘，而我卻又被眼前的景象嚇呆了，還以為自己遇到了什麼樣詭異的靈異事件！

這種天賦異稟的馬來鼯猴既不是鼯鼠也不是猴子，在分類上也自成一目，屬皮翼目鼯猴科的成員，主要以樹葉、樹汁或地衣為食。由於自體側的下頷、頸部延至四肢，直至尾巴尖端具有大而薄的皮翼，狀似齧齒目的鼯鼠（俗稱飛鼠，但鼯鼠從腳和尾部並沒有皮膜），臉部又長得像靈長目的狐猴而得名。

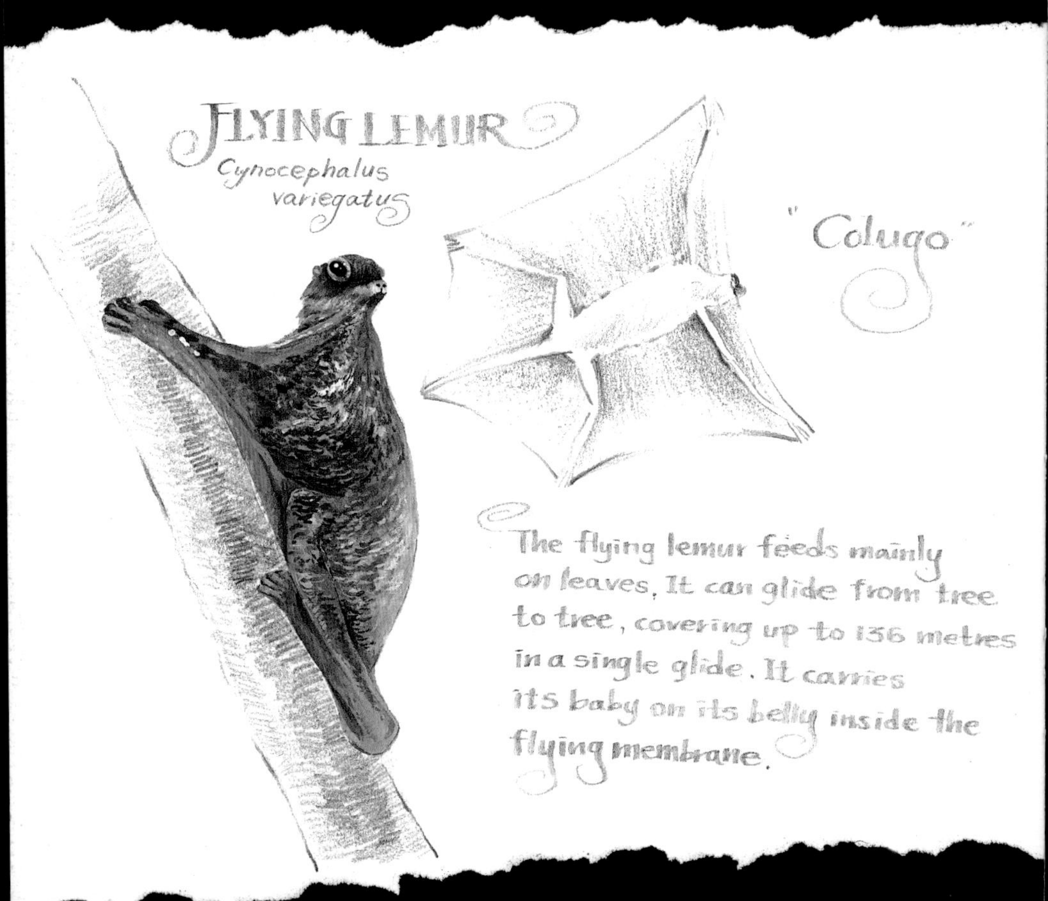

飛鼯猴自體側的下頷、頸部延至四肢，直至尾巴尖端具有大而薄的皮翼。

夜行性的飛鼯猴白天把自己身體曲起來，偽裝成圓圓的樹瘤，躲藏在樹上呼呼大睡。

等到太陽一下山，大約傍晚六點，飛鼯猴會醒來，開始牠的「夜」生活。

等到方位確定，飛鼯猴便凌空一躍，張開皮翼，像似披著一張大大的斗篷，滑進雨林深處。

夜行性的牠白天只是靜靜地趴在樹幹上休息，用深褐色的皮膚將自己偽裝成樹瘤，沒有仔細尋找很難察覺牠的存在；等到太陽西沈後就是牠活動的時間了。剛睡醒的飛鼯猴會先舒展蜷曲一天的身體，經過理毛、排泄等動作之後，飛鼯猴開始往較高的樹頂移動，到達一定高度之後，便開始東張西望地判斷要往哪個方向覓食，等到方位確定，便凌空一躍，張開皮翼，像似披著大大的斗篷，滑進雨林深處。

飛鼯猴的皮膜很大，呈幾何對稱形，就連腳趾間也有蹼膜。滑翔的距離很遠，從一棵樹滑翔至另一棵樹，根據調查，牠一次滑翔距離最遠可達 136 公尺，垂直落差更可達 10 至 12 公尺。我曾觀察過一隻雌飛鼯猴，懷裡有隻小飛鼯猴，仍然奮勇地帶著孩子跳躍滑翔，這是牠與將幼獸留在樹洞裡的鼯鼠最大的不同。一般小飛鼯猴會跟媽媽一起生活 6 個月或更久；有了這種從小的「貼身」飛行訓練，也難怪飛鼯猴能在漆黑的雨林裡無所畏懼地凌空滑翔了。

剛起床的飛鼯猴會沿著樹幹往高處爬。

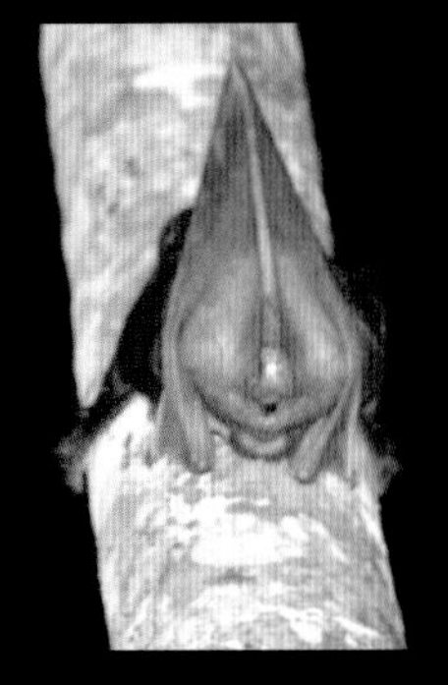

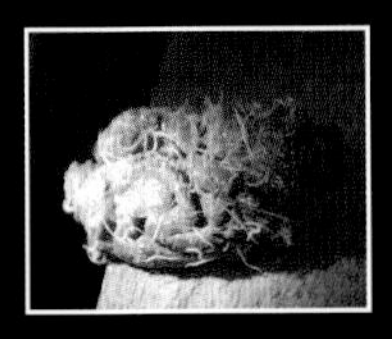

當爬到達一個安全的位置，牠會開始排泄與理毛，吃素的牠糞便卻帶有很多白色小蟲。

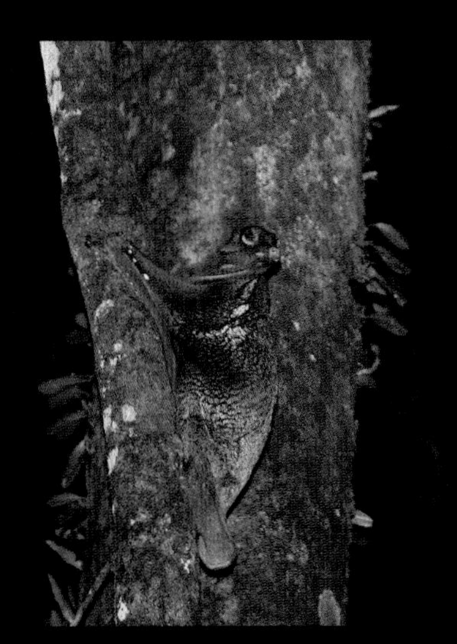

等到上完廁所、整理好儀容之後，牠會開始張望四周，準備出發覓食。

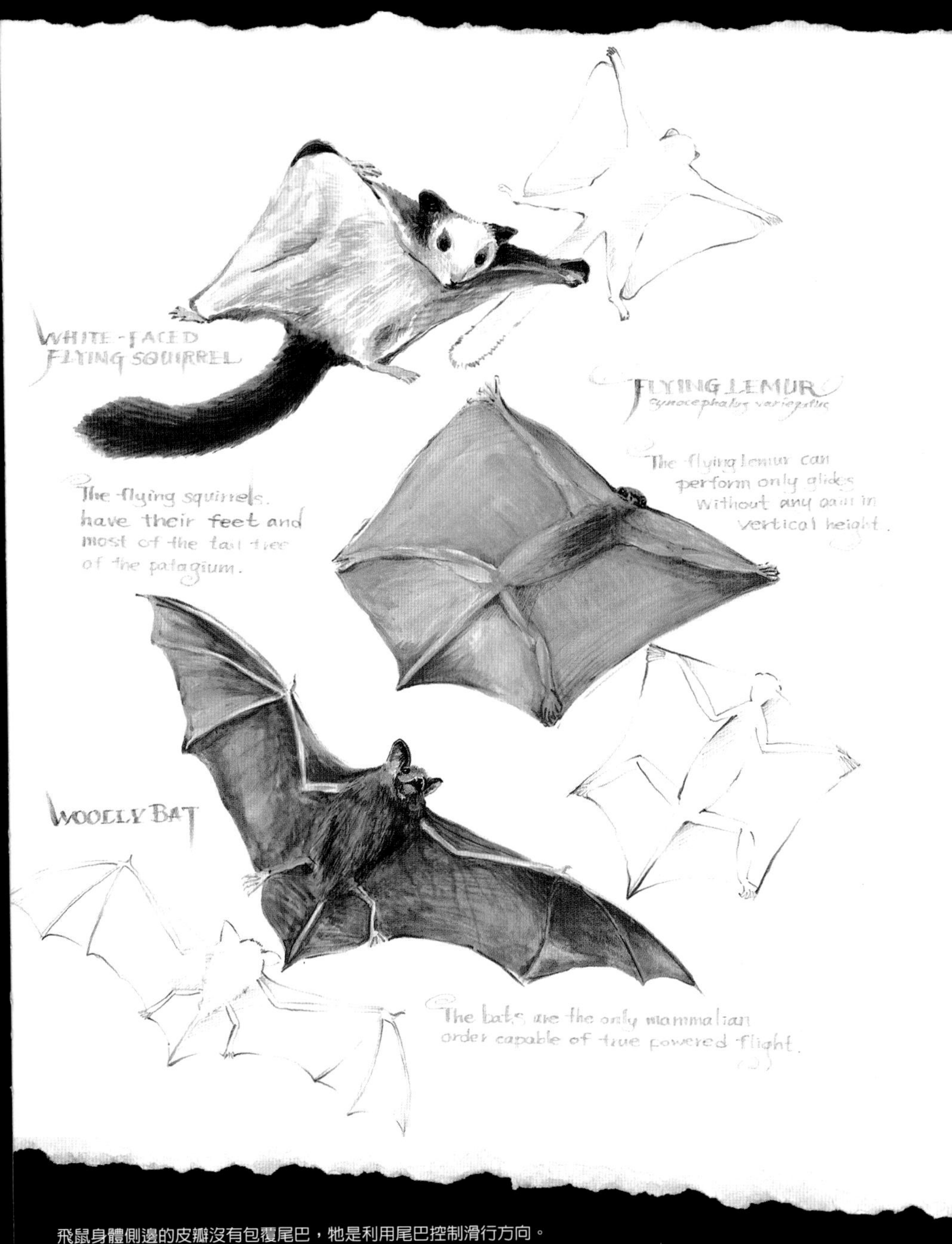

飛鼠身體側邊的皮瓣沒有包覆尾巴，牠是利用尾巴控制滑行方向。
蝙蝠身上的皮瓣雖然包覆著尾巴，但牠的前肢構造與飛鼠、飛鼯猴大不相同，
不但可以振翅飛行，還可以靈活控制方向。飛鼯猴的皮瓣是包覆全身，控制方向全靠身體扭動。

蛙類善於彈跳不必多說，蛙上樹也見怪不怪。但會飛的蛙可就顛覆了我們的常識。婆羅洲有多種「飛蛙」雖時有所聞，卻一直無法見其廬山真面目，青蛙到底能怎麼飛？這點讓我非常好奇。

由於飛蛙的相關資料非常少，也沒有明確的出沒地區，唯一的線索就是牠們也是樹蛙一類，我也只能憑著一般尋找樹蛙的經驗，趁夜在熱帶叢林裡細細搜尋。

對於一個非生態研究人員的我來說，飛蛙的尋找是漫長的過程，憑藉著少數幾張照片，讓人更是摸不著頭緒。直到雨季初來的一個夜裡，我和伙伴們正喝著咖啡，討論後續的觀察方向，一隻橙色的樹蛙為了捕食被燈光吸引的蚊蟲，跳到木屋的玻璃窗上。我隔著玻璃窗看了一眼，大叫了一聲「bingo!」，因為這隻樹蛙前腳的趾間有著橘紅色的蹼，是飛蛙的獨特特徵，這時，牠往前方奮力一躍，這一跳，牠四肢趾間的蹼瞬間張開，運用滑翔的助力，一下子就跳到 4 公尺外的樹冠叢裡，原來這精采的一幕就是自己送上門的正牌雨林滑翔客——飛蛙。

前肢的大蹼讓我認出這隻飛蛙的特徵。

飛蛙在跳躍時，會張開四肢的蹼，以增加在空氣中的浮力，讓自己滑翔到不同的樹上。

這隻飛蛙是豹紋樹蛙 (*Rhacophorus pardalis*) 有著紅褐色的體色，搭配上黑色的斑點，四肢有寬鬆的皮膚以及紅色且寬大的蹼，讓牠們在跳躍之際還能夠滑行更長的距離。我還觀察到，這個傢伙能夠在空中一面滑翔、一面大轉彎，改變行進方向，真是讓人嘖嘖稱奇。這個發現飛蛙的過程雖然沒有什麼驚險刺激，但為了看到牠滑翔的身影，卻也足足讓我等了 6 年之久。仔細查閱資料之後才發現，原來這種會滑翔的豹紋樹蛙是婆羅洲特定地區常見的蛙類。

飛蛙的前肢因為有蹼顯得特別大，好像戴著棒球手套。

豹紋樹蛙乍看之下和一般樹蛙沒什麼不同，但仔細觀察牠四肢的蹼，就可以證明牠的滑翔客身份。

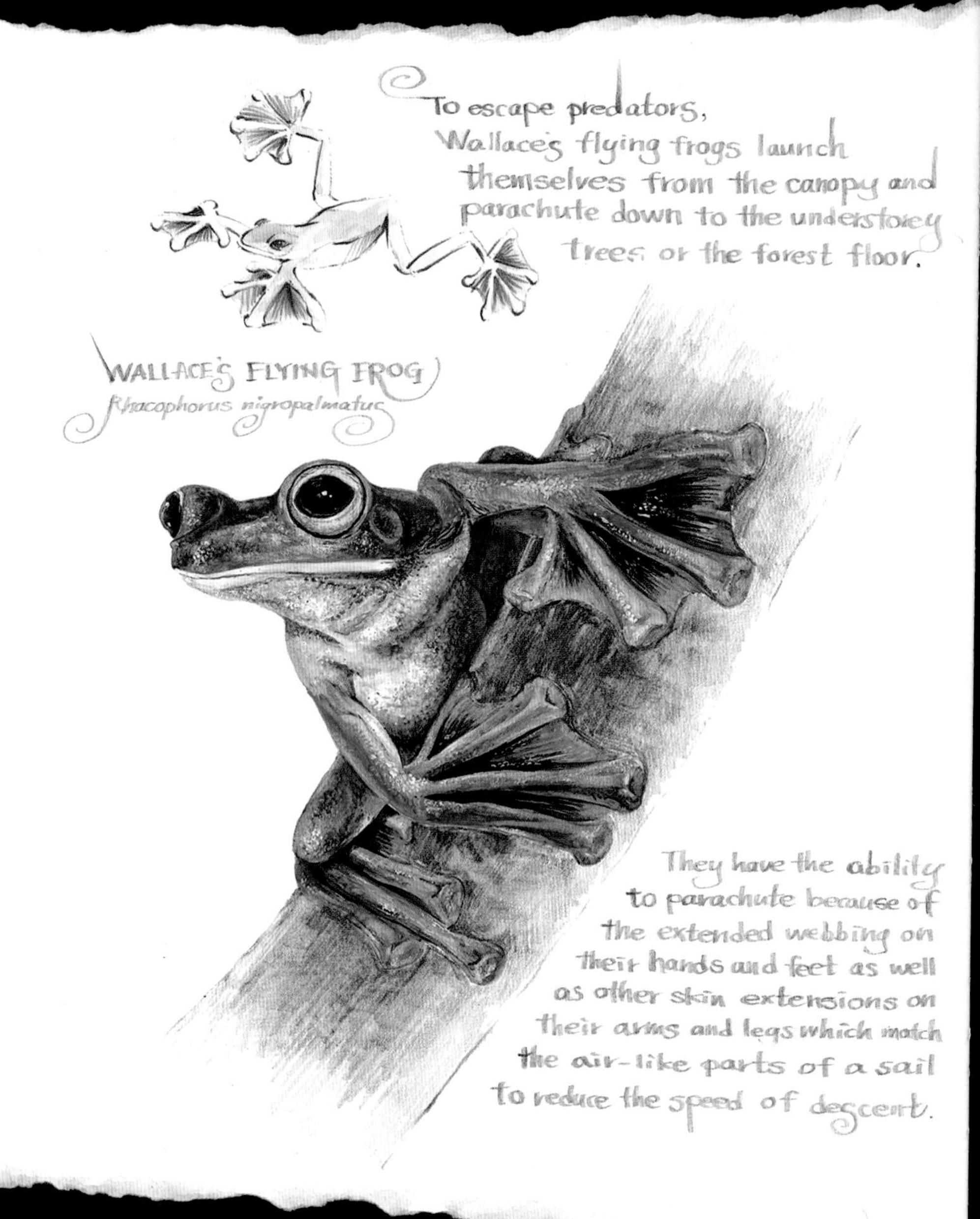

在婆羅洲真正世界知名的飛蛙，是以英國博物學家華萊士（Alfred Russel Wallace）所命名的「華萊士飛蛙」（Wallace s flying frog），體型相當大，卻十分罕見，因為牠棲息在低海拔原始雨林的樹冠層之中，這個區域是一般人無法觸及的區域，因為住在極高的樹冠上，也難怪牠得要擁有超強的飛天本事了。

我在婆羅洲看過不少種類的蛇，有毒的、無毒的，也有最小的鐵線蛇和最大的網紋蟒蛇，但卻沒有一種比得上「飛蛇」來的讓人驚奇，我與這種蛇的緣份總是驚鴻一瞥，有次聽到走在我身後的伙伴大叫「飛蛇」，我轉頭只看到一條像似絲帶的影子滑入樹叢中，隨後便消失無蹤，牠快速、無聲的移動，好像什麼也不曾發生過。俗稱飛蛇的天堂金花蛇是一種十分美麗的蛇，身上有著繁複的斑點，包括黑色、綠色、紅色、黃色及橙色色斑，大多都在樹上活動，除非追捕獵物，不然很少下到地面。當飛蛇要從棲息的樹移動到另一棵樹時，會像一支箭一樣用力地彈離樹枝，把自己射向空中，然後將身體伸展成扁平狀，像一條緞帶般，藉由空氣的浮力與身體擺動改變方向，以便到達牠想去的地方。每次回想見到飛蛇的回憶，就想起一個出版界的朋友，因為聽到我說與飛蛇的奇遇後，直說：「蛇已經夠恐怖了，會飛的蛇更是恐怖加三級！！」到現在還把婆羅洲列為「絕不到訪的國度」！有別於友人的害怕，我卻一直希望再見到牠，因為心裡還是有沒能好好欣賞飛蛇滑行的遺憾。

在婆羅洲，飛行不是鳥兒的專利，這裡的蜥蜴、青蛙、壁虎、蛇和鼯猴都在天空滑翔著！若非親眼見證這些身懷絕技的雨林滑翔客，怎麼可能會相信這超乎常識的事？這些原本不會飛行的生物像被施了魔法一樣，在森林中「飛過來、飄過去」，光是想像就讓人覺得瘋狂！婆羅洲熱帶雨林因為這些技藝超群的滑翔客，讓它更充滿了神秘與奇幻的想像空間。

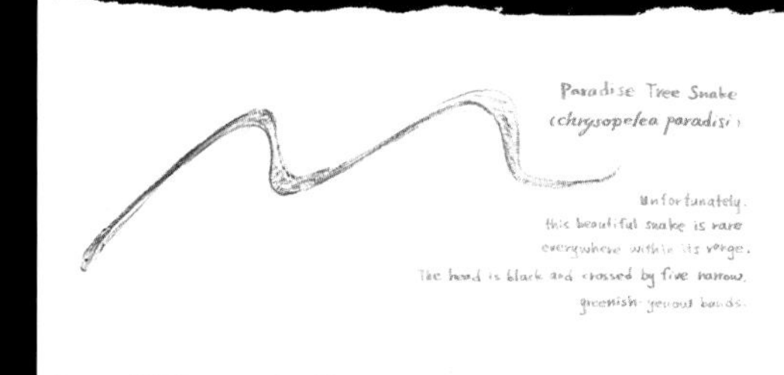

飛蛇滑翔時會將身體壓扁，像一條緞帶般扭動滑行。

Chapter 2 Odd Ones Out In The Rainforest

怪蛙大驚奇

ASTONISHING FROGS

在這個世界第三大島的婆羅洲上，蛙類的種類衆多，其中不乏許多赫赫有名的角色，像先前提到的華萊士飛蛙就是這裡的明星蛙種！會飛的蛙固然新鮮，但有另外一種頭上長了一對尖角、造型特殊的婆羅洲角蛙 (Borneo horned frog) 更讓我深深著迷！這種造型奇特的婆羅洲角蛙棲息在未開發的原始雨林裡，時常出沒在溪邊的礫石灘上，尤其是有大石頭交錯的區域。這樣的環境大多溪水湍急，水流聲很大，

正因為生活在這樣的環境裡，角蛙的叫聲響亮，猶如敲擊金屬的聲響，如果真的要形容牠的叫聲，只能說好像是棒球的鋁棒擊中球時清脆的「鏗～ 鏗～」聲響 (CD 曲目：05)。從前常聽當地朋友提起牠，也看過不少照片，卻一直未能親睹廬山真面目，尤其每次在森林裡行走時，聽到牠那高亢的叫聲，真是讓人心癢難耐，但四處搜尋卻毫無所獲。期盼了許多年之後，好不容易終於等到與角蛙初次相逢，也讓我終身難忘。

那一晚在森林裡進行夜間拍攝，突然下起大雨，我急忙穿上雨衣，緩步走著，忽然聽到漸大的雨聲之中交雜著急促的角蛙叫聲，這叫聲是我從未聽過的密集與頻繁。循聲趕到溪邊的木板橋上，仔細搜尋，果然看到河床上有一隻大蛙，我隨即興奮地爬下河床，這大蛙就是我夢寐以求的婆羅洲角蛙！仔細端詳其形態，牠的吻端和雙眼眼瞼特化成三角錐狀，搭配著褐色身體，讓牠一到樹葉堆裡就能把自己變成一片唯妙唯肖的「葉子」，看到牠的偽裝術，就不難理解為何我總是尋之無踪了。

這隻雄角蛙頂著雨，卻依然氣勢昂然，完全無視我的靠近，在大石頭上持續大聲鳴叫著。而我為了取得更好的拍攝角度，將身體浸入冰冷溪水中，左手撐著雨傘，右手拿著相機，穿著雨衣泡在水中，耳朵還因為角蛙的叫聲音頻過高而陣陣耳鳴…，一番等待之後，顧不得渾身溼透，終於讓我拍攝到珍貴的角蛙鳴叫的照片，正在欣喜之際，岸上的伙伴卻不斷揮舞著手電筒提醒我上岸。

這才發現，窄小的河床因為急促降雨，原本只淹到腰際的溪水，已經要漫過胸前！這個狼狽又刺激的追蛙體驗讓我終生難忘！幾年追尋角蛙的經驗累積之下，終於知道尋找角蛙的最佳時間不是上半夜，也不是下半夜，而是下大雨的夜晚！

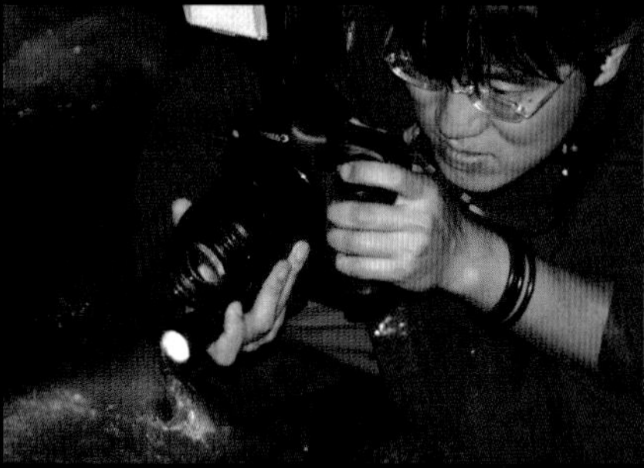

第一次冒著大雨泡在溪水裡拍攝角蛙，全身溼透。

夜裡的暴雨越下越大，卻澆不熄雄角蛙求偶的興致，越叫越大聲。

角蛙的吻端和雙眼眼瞼特化成三角錐狀，好像枯葉的尖端，向上微微翹起。

同樣是角蛙成蛙，每一隻身上的造型與體色都有些不同，是種類不同還是個體差異，就要等待科學界去研究了。

角蛙一遇到危險，立刻壓低身子與落葉融為一體，牠三角錐狀的吻端和雙眼眼瞼，讓牠把自己也變成一片落葉。

夜晚的熱帶雨林就像是蛙類的天堂，各種不同的蛙鳴聲在森林深處迴盪著，好像一場熱鬧無比的派對（CD 曲目：06）。這裡多樣的蛙叫聲也鬧出不少笑話，曾經有一次走錯路徑，在森林裡選擇了較遠的路，原本預計天黑前回到木屋，卻走到月亮出來了還沒到，一行人走的又熱又累，突然腳邊傳來一陣像似人發出的詭異「Wa- Wa- Wa- Wa-」叫聲，走在我前面的女伙伴以為是我惡作劇，裝聲音嚇她，

有著一雙紅眼睛的腺疣蛙 (*Rana glandulosa*) 有著雙鳴囊，因此可以發出極大且讓人印象深刻的叫聲。

我來不及解釋，就遭了她一記白眼，沒想到走沒幾步那怪異的「Wa- Wa -」聲又在另一側傳來，那伙伴不耐煩的說：「你鬧夠了沒有？」，這時，被冤枉的我看到在草叢中有一隻大蛙好像正在鳴叫，我用手電筒追著牠一會，果然看見這隻雙鳴囊的赤蛙發出長串「Wa- Wa- Wa- Wa-」叫聲，我也學著牠「Wa- Wa- Wa- Wa」的叫了幾聲，結果這隻赤蛙竟然發出另一種「了—啊～～」的奇特叫聲，我繼續學牠「Wa- Wa Wa -」叫，牠在回覆兩次「了—啊～～」之後，竟奮力一跳往我面前跳過來，我被牠突然的舉動嚇得跌坐地上！看到這個被蛙戲弄的情景，剛剛那位生氣的伙伴也笑了出來！後來查資料才知道這個讓我輩誤會的是腺疣蛙 (*Rana glandulosa*)，而幾次觀察下來發現，與牠對叫後發出的「了——啊～～」應該是牠驅趕情敵的威嚇聲！這個怪蛙實在讓人十分難忘呀！

婆羅洲的蛙類為了在這片競爭激烈的雨林裡生存，牠們演化出各種獨有的特殊模樣，習性各自迥異，體型也大相逕庭。2010 年砂勞越大學的教授發表了一種成蛙只有 3mm 的世界最小的新種蛙類—豬籠草小雨蛙，正如其名，這種小雨蛙雖然十分迷你，但叫聲出奇響亮，而且還彷彿擁有不壞之身，可以棲息在豬籠草充滿消化液的瓶子中！婆羅洲有超過 160 種以上的蛙類，可以說是蛙類的天堂，只要有機會造訪，一定讓你驚奇不斷！

杜利樹蛙 *(Rhacophorus dulitensis)* 趾間有蹼，但未有牠滑行記錄，因此沒歸類為飛蛙一種。如玉石般的半透明身體，在繁殖季還可以看見腹側一顆顆的卵。

骨耳樹蛙 (File-eared Tree Frog）是婆羅洲體型極大的樹蛙，眼睛後方的顳褶有明顯的凸起，是牠最大的特徵。

▲ 身材修長的科萊蒂樹蛙 (Colletti' s Tree Frog)。

▼ Green Bush Frog 有雙好似沒睡覺充滿血絲的眼睛。

▲ 生活在瀑布邊的斑點湍蛙 (Black-spotted Rock Frog)。

▼ 白唇蛙 (White-lipped Frog)。

▲ 身上有綠斑的不知名樹蛙，正鼓著鳴囊，唱著情歌。

▼ 好像戴著墨鏡的 Montane litter Frog。

▲ 四線樹蛙 (Four-lined Tree Frog) 是常見的樹蛙。

▲ 身體翠綠色的白唇蛙 (White-lipped Frog)。

▲ Spiny Slender Toad

▼ 褐樹蟾 Brown Tree Toad。

▼ Short-legged Dwarf Toad。

Chapter 2 Odd Ones Out In The Rainforest

恐龍現身

DINOSAURS REAPPEARING LIZARDS

雨林裡的夜晚總是充滿著驚奇，有一次我和幾個朋友摸黑到森林進行夜拍，大伙就像搜查隊一樣拿著手電筒在林子裡尋找「獵物」，我頭一轉，照到友人身後樹幹上趴著一隻頭尾大約 50 公分的攀蜥，我示意要朋友回頭看看，但他的動作太大，轉身時手碰到旁邊的枝條，這隻熟睡中的長毛冠蜥突然驚醒，並張開大嘴露出利牙，向我們示威，朋友雖然嚇了一大跳，卻興奮的大叫：「恐龍！」，沒錯，牠的體型比起台灣的攀木蜥蜴大上十幾倍，樣子更是像極了侏儸紀時代的恐龍！

婆羅洲雨林裡還住著許多大塊頭的攀蜥，更有一種綠攀蜥，牠的體色綠得感覺有些「不真實」，我常騙第一次到雨林的朋友，那是玩具工廠的產品！還真唬過不少人的眼睛！

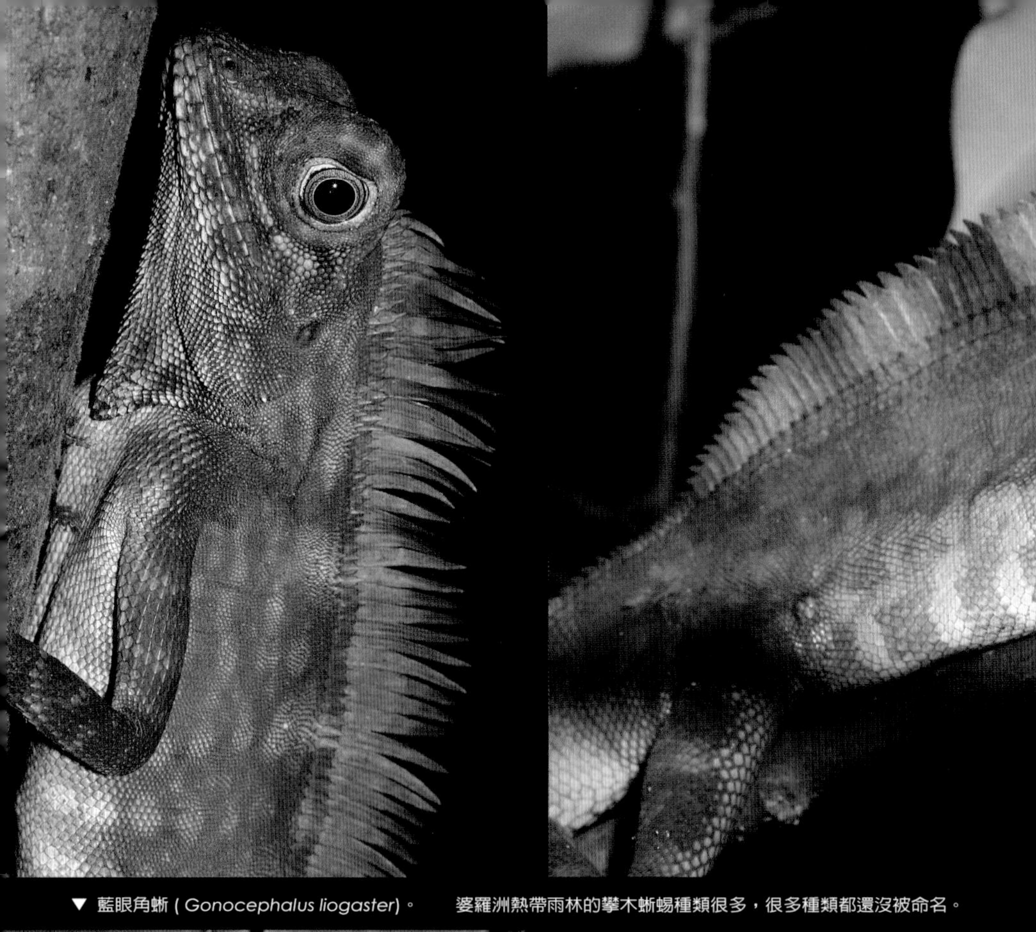

▼ 藍眼角蜥 (*Gonocephalus liogaster*)。　婆羅洲熱帶雨林的攀木蜥蜴種類很多，很多種類都還沒被命名。

▲ 體型碩大的的黃點角蜥 (*Gonocephalus grandis*) 造型奇特，是這裡巨型的攀木蜥蜴。

角蜥是婆羅洲雨林裡大型的蜥蜴，
出沒在森林裡，彷彿恐龍在世。

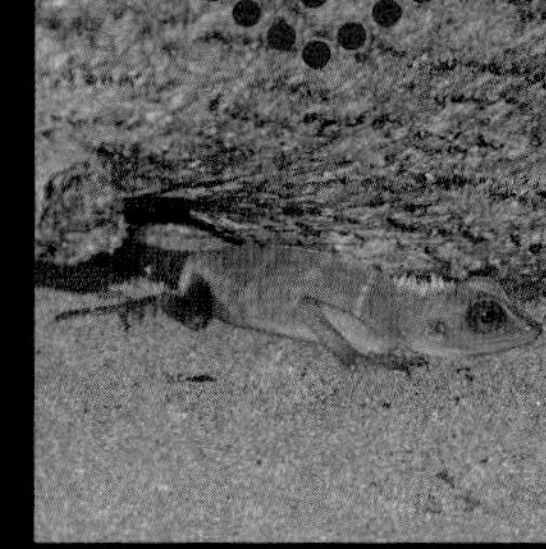

▲ 這隻會變色的攀木蜥蜴，在從樹上移動到泥地上的瞬間，會由綠色變成咖啡色。

▲ 這隻綠攀蜥蜴也會瞬間變色，當牠從樹葉間移動到樹上，在短短五秒鐘，由綠色轉變成咖啡色。

婆羅洲的守宮種類也是十分繁多，除了先前介紹的飛壁虎，還有一種也叫人難忘。那回是我第二次到婆羅洲，白天下了一整天的雨，雨停的時候已經是半夜，一整天沒拍到什麼生物，讓我有些焦躁，輾轉難眠之際木屋外頭傳出一連串「多勾、多勾…」的動物叫聲，聲音聽起來感覺體型不小。我與室友徐達立刻跳下床，抓起相機衝出門外，可是看了半天，門外除了一輪明月，什麼都沒有。兩人正滿腹狐疑時，「多勾、多勾」叫聲再次在耳邊響起，這時連最後一絲睡意全沒了，不信邪的把高腳木屋四周全部翻找了一遍，腦海裡還是反覆響著那詭異的叫聲。第二天晚上，我把昨晚的事告訴了當地嚮導，當我模仿出那特殊的叫聲時，他嘴角露出一絲微笑，要我瞧瞧屋頂上的細縫，我拿起長鏡頭瞄了一下，看到了一個大大的壁虎頭，嚮導拿了根棍子敲一下牆壁，就看到一隻黑色生物從細縫裡竄出。那真的是一隻「壁虎」，卻是我們家裡常見壁虎的三倍大！原來，昨夜折騰我們的就是這個「龐然大物」，真叫我目瞪口呆！

雨林裡的蜥蜴，常常超乎我們的經驗值，尤其那驚人的體型，更會讓人有種置身於侏儸紀公園的錯覺！

見到這麼大的壁虎，一定嚇你一跳！將近 20 公分的大守宮 (Gaint Gecko) 是雨林民宅的常客。

水蜥 (Water Monitor) 是婆羅洲雨林裡最大型的蜥蜴最大身長可達三公尺，這龐然大物常在水邊活動。

Chapter 2 Odd Ones Out In The Rainforest

食人巨鱷

CROCODILES

「鱷魔就擒：十六呎長巨鱷被活擒，疑為吞噬一少年的兇鱷」，我一進入砂勞越倫樂鎮 (Lundu) 一家小吃店，牆上高掛的報紙斗大驚悚的標題吸引了我的目光。婆羅洲西北部的魯巴河發生的鱷魚吃人事件，雖然已經是舊聞，卻依然讓我感到吃驚不已；正當我看得入神之際，小吃店老闆娘說：「還好巫師做法抓到牠，不然還不知有多少人會被牠吞進肚子裡！」看著牆上報紙入神的我，聽到這句話更引起我的好奇心，追著她問明真相，她嘆了一口氣說道：「這已經不是第一次了。上個月十三號，一個十五歲的孩子在河裡洗澡，結果被埋伏的鱷魚一口咬住小腿，隨即拖入水中吞食，岸邊的親人發現時，兇狠的鱷魚早已揚長而去！」

「後來過了一週，村民請來巫師做法術，巫師做了一個儀式並隨即用施了法的狗肉在出事的河裡釣起一條大鱷魚，並且當衆剖開大鱷魚的肚子，果然看到人骨與毛髮在肚子裡！這巫師法力高強，好靈啊！」巫師做法讓鱷魚自投羅網？聽他信誓旦旦的說完，讓我更加狐疑！

出了小吃店，我問了當地的朋友這事的真假，大家都直指真有其事，還告訴我，有一回巫師更神，在岸邊才剛施完法兩天，食人鱷現身河面，村人一擁而上活擒這隻食人鱷，牠的長相「嘴長牙尖」，模樣十分邪惡！經過巫師念咒之後，這隻鱷魚還流下「懺悔的眼淚」！我急忙追問結果，朋友兩手一攤說：「當然是處死以慰亡靈啦！」

2004/12/9 的星洲日報，標題寫著「鱷魔就擒」。

人鱷正法

吃人鱷正法是 1999/6/20 的星洲日報的頭條新聞。

這一個聽來像是鄉野奇談的故事，經過一番觀察和查訪，發現那隻「嘴長牙尖」的鱷魚流下的可能不是「懺悔」的眼淚，而是「冤枉」的淚水！婆羅洲的內陸河流流域裡棲息著兩種鱷魚，一種是馬來長吻鱷（False Gharial)，另一種是河口鱷（Salt-water Crocodile），體型可達 7 公尺以上的河口鱷攻擊性極強，除了捕食魚、龜鱉及河邊的哺乳動物外，時有攻擊人的紀錄。另一種馬來長吻鱷的體型較小，吻端細長適合捕魚，因此以魚類為主食，捕食哺乳動物的機率較小。朋友口中那隻「嘴長牙尖」的「兇鱷」，我想應該是馬來長吻鱷替河口鱷背了一個黑鍋！鱷魚在巫師做法後浮出水面，與其說巫師「法力無邊」，老道的自然觀察經驗才是他的「法力」，利用鱷魚常常會在同一個棲息地出沒的習性，在事發地點守株待兔，當然容易手到擒來！而西方諺語常用來形容假慈悲的「鱷魚眼淚」，不過是鱷魚為了排泄體內多餘的鹽分所流下的排泄物罷了！

近年來婆羅洲內陸的鱷魚攻擊人類事件頻傳，其實也是值得省思的環境問題；這些鱷魚原本捕食雨林裡的哺乳動物，因為森林的砍伐破壞，失去棲息地而數量銳減，加上河川的污染，逼得這叢林巨獸不得不往人類最多的河口遷移，餓昏頭的牠只好轉向獵捕人類，在給這個世界最大型爬蟲動物扣上邪惡帽子的同時，讓人不禁納悶，到底是鱷魚天生吃人還是人害鱷魚吃人？

河口鱷如牠的名字一樣，出現在河口，曾發現大約 7 公尺的大型個體，是婆羅洲最大型的掠食動物。

河口鱷 Salt-water Crocodile（上）吻端較短，體型大，攻擊性強，除了捕食魚、龜鱉及河邊的哺乳動物外，時有攻擊人的紀錄。馬來長吻鱷 False Gharial（下）的體型較小，吻端細長適合捕魚，以魚類為主食，捕食哺乳動物的機率較小。

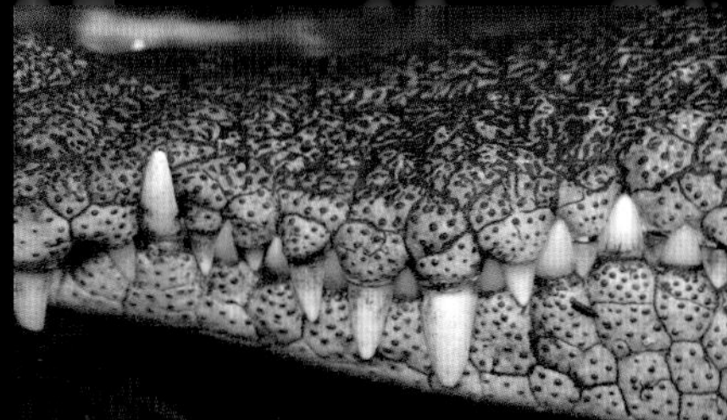
河口鱷的牙齒短而利，適合撕裂肉類。

馬來長吻鱷有像尖嘴鉗的吻端，牙齒尖細。（Alice 攝）

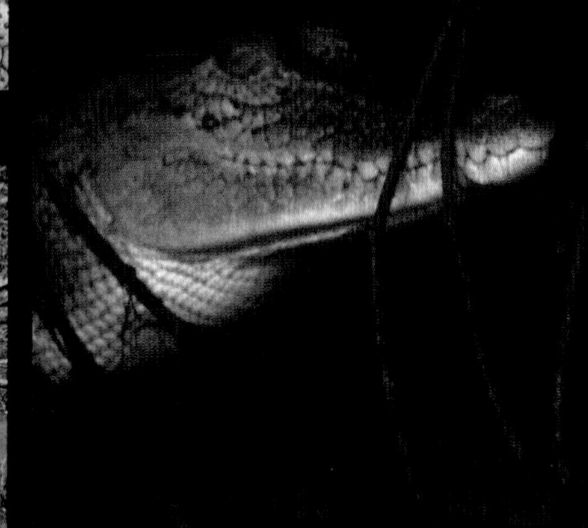
河口鱷的吻端較短而寬，能穩穩的咬住哺乳類動物。

躲在河岸邊灌木叢中的河口鱷，一動也不動的等待著獵物自己送上門。

Chapter 2 Odd Ones Out In The Rainforest

巨蟒出沒

GIANT PYTHONS & SNAKES

婆羅洲熱帶雨林裡最大型的蛇類是網紋蟒蛇（*Python reticulates*），體長可達 5 公尺以上，是這片雨林的恐怖掠食者，在馬來西亞也曾有捕食人類的紀錄。婆羅洲的蟒蛇通常出沒於低地森林近的水處，小於 2 公尺的蟒蛇主要為樹棲性，白天緊纏在高處安全的樹洞中或者樹冠處休息，大蟒蛇則喜歡棲息於靠近地面的樹洞或是枯木底下。蟒蛇屬夜行性動物，牠們獵取鳥類、猿猴、鼠鹿、野豬以及各種小型哺乳類為食。

十多年來在森林裡只有一次與牠相遇的紀錄。那是一個剛下過雨的夜裡，一個朋友氣喘吁吁的跑到木屋告訴我，他在森林下方的溪裡看到一隻大型生物在水中「翻滾」，我隨即帶著相機跑進森林，當到達他目擊巨物的那條溪流，透過手電筒的燈光，我只看到一團東西沈在水底，光是一支手電筒無法穿透水面，因此我將幾個朋友手中的手電筒全部收集過來，往水中一照，正好那生物也翻滾了幾圈，激起了一陣水花！這時我才看清，這是一條捆住獵物的蟒蛇！由於河床落差極大，剛下過雨的溪水也十分湍急，我只能在岸上嘗試用各種方法拍攝水裡的牠，但因為角度的關係總是拍不到好的畫面。折騰了一個多小時，蟒蛇還是沈在水底沒有移動位置，此時天空又開始下起雨來，我們只好先打道回府，靜觀其變。

興奮的我一夜沒有闔眼，第二天天剛亮，我就來到昨晚蟒蛇泡水的地方，果然蟒蛇還在，但已經從水底跑到河床上，我請有望遠鏡的伙伴幫我確認蟒蛇是不是咬住獵物在進食，因為進食中的蟒蛇就少了攻擊能力，少了危險，我也比較有機會近距離拍攝。

同行的伙伴看了好一會兒，跟我說牠已經在進食，我便沿著堤岸大石頭爬下溪谷繞到蟒蛇的另一側礫石灘，剛靠近，蟒蛇突然動了一下並鬆開捲曲的身體，雖然隔著一顆大石頭，我仍嚇得後退幾步，不料蟒蛇拋下一個褐色生物，整個身子延展開來，隨即繞過大石頭，涉水朝我而來，我愣在原地，差點連快門都忘了按，因為這隻長約 4 公尺的巨蟒，繞過大石游泳移動到我身前只花了不到十秒，而我腦海中閃過的就是那張知名的蟒蛇噬人的照片！正當牠準備衝上岸之際，我看到牠抬高頭部，往前看了一眼隨即轉頭往溪流下游而去！原來是同行的兩個伙伴，看我下到河床，也跟著我後頭爬下溪谷，卻不知蟒蛇正朝著我直衝而來！我猜蟒蛇可能感應到突然出現的個頭高大的三個熱點，自覺無法一次對付三個而逃之夭夭吧！

看著蟒蛇離去的身影，一方面暗自慶幸逃過一劫，一方面又惋惜自己沒有拍到精彩畫面。

沒了蟒蛇，我接著搜尋牠先前拋下的那個生物，靠近一看，一隻身長大約 80 公分的鱉焉焉一息的趴在河床上，這時國家公園管理員老劉也聽到蟒蛇出沒趕來察看，他翻動那隻大鱉，發現牠的背甲與腹甲上都留有兩個深齒痕，這正可證明前晚為何蟒蛇要在水底打滾了！而且這條蟒蛇一定是餓昏了，牠試圖用捆綁擠壓的方式將鱉帶入水中淹死！然而經過一晚的折騰，鱉不但沒有死，而且還有個硬殼讓牠難以下嚥。

眾人一番推敲，終於恍然大悟：「原來這就是所謂的吃鱉呀！」，老劉更開著我玩笑說：「牠追你不是要吃你，而是要警告你，如果敢把這個丟臉事說出去就試試看！」，事後詢問老劉，他巡守這片森林這麼多年，從來不曾見過如此景象。雨林之大無奇不有，蟒蛇「吃鱉」，可真是頭一遭！

這次的事件看似笑話一則，卻也讓我們應該反思，是不是因為雨林的破壞，造成蟒蛇的食物稀少，而被迫吃鱉呢？環境問題應該要好好重視了，不然下次「吃鱉」的可是我們人類！

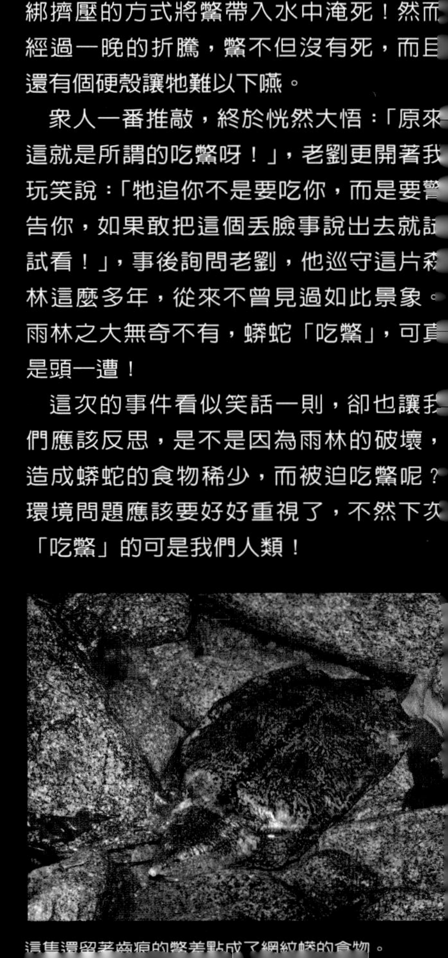

這隻網紋蟒鬆開懷中的獵物，往我的方向游過來。

這隻還留著齒痕的鱉差點成了網紋蟒的食物。

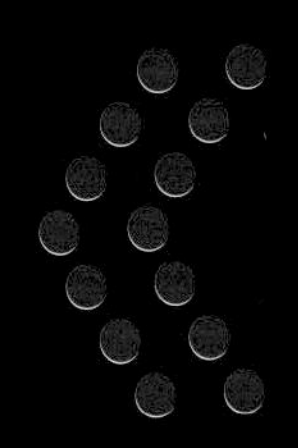

無毒牙的網紋蟒會先發出嘶嘶的威嚇聲音，並張開大口往前奮力一撲，咬住獵物。這個動作讓正在拍攝的我受到很大的驚嚇。

很多人以為到熱帶雨林一定會遇到很多蛇，事實上，要在婆羅洲熱帶雨林裡與蛇相遇，實在不簡單。雨林裡的蛇類都有很好的「隱身術」，不是把自己藏在落葉堆裡，要不就偽裝成長長的藤蔓，有些更有靈敏的感應，人類一靠近馬上就躲的遠遠的！

綠瘦蛇 (*Ahaetulla prasina*) 有著長而尖的頭部，身體纖細的牠常攀附在綠樹藤上，等待不知情的飛鳥停棲，然後以極細微的抽動移行方式，悄悄潛近獵物而一舉成擒！相較於綠瘦蛇的「低調行事」，樹棲的毒蛇——黃環林蛇 (*Boiga dendrophila*) 就有極大的差異，大剌剌的掛在樹梢，身上顯眼的黃黑相間體色，彷彿警示著自己不好惹！

綠瘦蛇 (*Ahaetulla prasina*) 有著長而尖的頭部。

綠瘦蛇身體纖細的牠常攀附在樹上，將自己偽裝成藤蔓，等待不知情的獵物靠近。

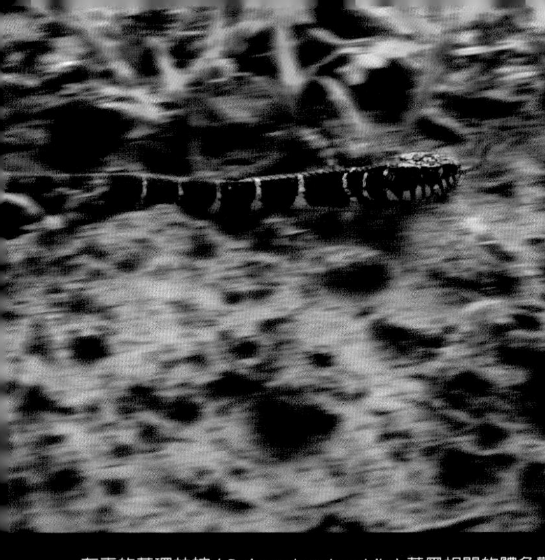

有毒的黃環林蛇 (*Boiga dendrophila*) 黃黑相間的體色警示著掠食者「我不好惹」。

體型碩大的綠腹蛇也是婆羅洲常見蛇類，每天都維持同一個姿勢攀附在樹上靜靜的等待獵物靠近。

MULTI-FEET UNDER THE RAINFOREST

Chapter 2 Odd Ones Out In The Rainforest

多足怪客

講到「多足」怪客，雨林裡的蜘蛛模樣也是極為古怪！其中婆羅洲的棘蛛最能引起我的好奇心，這種背上長著尖刺的蜘蛛種類很多，也各自有不同的模樣，其中長角棘蛛 (Long horned spider) 又黑又長的棘刺搭配著鮮豔的橘黃色的背部，讓我十分著迷，牠那一對細長帶有完美弧度的棘刺，乍看好像背著一對彎彎的牛角！我常常在想，熱帶雨林裡的枝條藤蔓那麼多，這樣的蜘蛛在林間移動，不知道會不會不小心被勾住？而這麼長的棘刺到底有何作用呢？

在雨林裡行走，常常會遇到一些奇怪的現象，十多年來我是見怪不怪了，因為只要仔細觀察，所有自以為的「怪事」其實都有跡可循！但對於第一次進入雨林的人來說，因為對環境的不熟悉，而被「怪聲」嚇得花容失色的不在少數。有天黃昏，與幾個伙伴去看蝙蝠出洞，回程的時候天色已經開始昏暗，一個走在前頭的伙伴突然停在步道上四處張望，我走過去問她怎麼了，她有點驚慌的跟我說：「我聽到身後有怪聲！而且那聲音一直跟著我，但我一回頭，什麼東西都沒看到！」，她以為自己遇上什麼靈異現象！為了解開謎團，我搜尋木棧步道兩側好一會兒，終於在步道下方落葉堆裡看到一個直徑大約 50 元硬幣大小的球狀物體，我撿起來放在她手上，被嚇到的友人問我：「你撿一顆果子給我幹什麼？」，我告訴她怪聲與這東西有關，我要她把果子先放進口袋，並安撫她別害怕，回到住宿的木屋再告訴她真相，就這樣回到了木屋，我也忘了跟她解釋，沒一會，隔壁木屋又傳來尖叫聲，我衝過去一看，剛才那個女生嚇呆了指著地上說：「你給我的果子會動！」我急忙安撫她，並且為自己忘了告訴她真相而連忙道歉，因為她遇到的是一隻球馬陸！

有著彎彎棘刺的長角棘蛛也會結網。

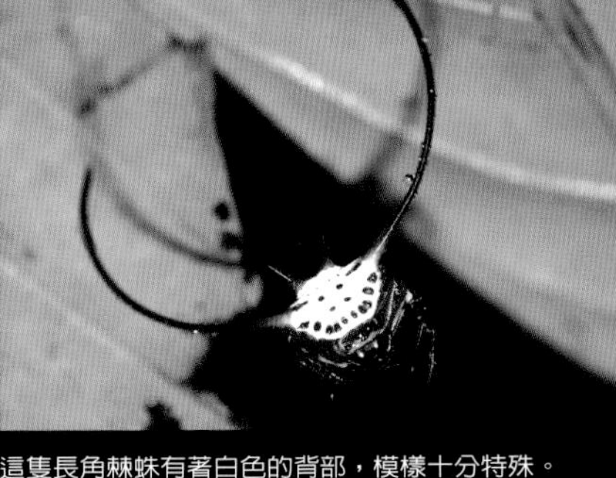

這隻長角棘蛛有著白色的背部，模樣十分特殊。

球馬陸又俗稱鼠婦，是一種小型的陸生甲殼類，身體在受到驚擾時會捲成一團，讓牠可以迅速的滾落到落葉堆裡，藉著體色的偽裝與落葉融為一體，騙過敵人的眼睛！我推測朋友在木棧步道上行走時，震動的聲響讓在一旁的大型球馬陸受到驚嚇，身體一縮，滾落到落葉上，發出的聲響就是嚇人的主因！婆羅洲雨林裡除了這種大型的球馬陸以外，我還見過許多種不同樣貌的馬陸，唯一相同的就是比起台灣的馬陸，這裡的馬陸可以說是巨無霸了！

比好友潛龍眼珠子還大的球馬陸，平時是長形的蟲子，棲息在森林底層的落葉堆中，遇到危險才會捲成球狀逃生。

▲ 兩隻鮮紅的馬陸正親密的互動著。

▲ 馬陸一個體節有兩對腳，是與蜈蚣不同的地方。

長形的馬陸遇到危險也會捲成球狀。

▲ 這隻大型馬陸紅黃黑三色的配色非常搶眼。

▼ 好像披著藍色盔甲的馬陸。

Chapter 2 Odd Ones Out In The Rainforest

叢林吸血鬼

THE RAINFOREST VAMPIRES

在婆羅洲熱帶叢林中行走，最惱人的不是毒蛇猛獸，而是一群令人發狂的「吸血鬼」，牠們個子雖小，卻能讓人心生恐懼！名列頭號吸血鬼的蚊子，大概會讓人覺得一點都不稀奇，但只要你親身體驗過雨林裡的蚊子攻勢，就會知道我一點都不誇張！多雨的熱帶雨林底層處處積水，因此造就了孑孓的絕佳生長環境，每到晨昏之際，蚊子大軍傾巢而出，那聲勢可是十足嚇人，我曾試過本土的數種防蚊液，仍然不敵饑腸轆轆的蚊子兵團，只要遇上牠們，短短幾分鐘，保證帶著滿身紅豆冰回家！我試過許多朋友建議的方法，包括穿著長袖長褲，把自己包起來，此舉不但讓我悶熱無比，蚊子還是有辦法隔著衣服褲子往你的屁屁補上一針，然後大快朵頤！有時蚊子咬多了還會併發過敏，那就像友人所說的：「蚊子咬不是病，癢起來要人命！」

但跟蚊子比起來，這片雨林裡的另一號吸血鬼—螞蝗可就讓許多人退避三舍了！這裡溼熱的叢林深處，棲息著跟台灣相似的山螞蝗，黑黑小小的身子若不注意，還把牠當成毛蟲呢！但山螞蝗並不是最讓人害怕的，比較嚇人的是一種在沙巴森林裡的虎斑螞蝗（tiger leech)，這種螞蝗不但體型較大（約 5 公分），身上鮮黃色的直條紋搭配深咖啡色的體色，更讓人留下難以磨滅的印象！我曾經在一處保護區的原始叢林裡，瞧見前方路徑旁的每片葉子上，都有一隻圓球狀的螞蝗正「守株待兔」的等著，當我一走近，葉子上的螞蝗大軍各個都拉長了身子，左右搖晃偵測我的位置，搖頭晃腦的樣子，讓人有種牠們正在跟你說「歡迎光臨」的錯覺！據說螞蝗是靠偵測動物吐出的二氧化碳來判斷食物是否送上門來，而當牠發現目標搜尋物後，會將頭部盡可能地向外奮力一推，用嘴巴咬住牠所接觸到的葉片，並奮力直奔牠的「獵物」，這時牠的身體會形成彎曲環狀，讓尾部往頭部方向推進。然後長長的軀體再次伸展開，並將頭部又再次向前推進一些。每一步的距離都是整個身體的長度，這樣的爬行方式與尺蠖十分相似，待到達目的地之後，使用牠有如手術刀的利牙在皮膚上劃上一個肉眼看不見的小洞，並在傷口塗上抗凝血的物質，然後開懷暢飲！等到原本大約 2 公分的細小身軀脹大成 5 公分左右時，便悄悄放開口器，滾落草叢之中！

到訪過原始雨林的人常遭受螞蝗如此的熱情款待，但因為悶熱雨林讓身體常處於燥熱、滿身大汗的狀態，根本難以察覺牠們的存在，等到察覺流血後，才知道又被這個小吸血鬼吃了頓霸王餐！

不過並不是人人都討厭螞蝗，砂勞越的伊班族原住民，將螞蝗視為生生不息的力量象徵，在刀柄、刀鞘、傳統服飾或編織物上，都可看到大大小小的螞蝗圖騰！

很多人莫名的害怕螞蝗，剛進入叢林的我也是帶著一絲恐懼，但多年來的經驗告訴我，螞蝗越多的地方，野生動物就越多，這是一個食物鏈的供需概念！我常想，可以遇見螞蝗是幸福的，讓牠吸血「抽稅」也是一種交換，因為我知道在有螞蝗守護的叢林深處，還有著眾多的野生動物等著我！

在這片雨林穿梭多年，我想也「捐」了不少血，所以我常跟有機會到訪婆羅洲雨林的朋友們開玩笑說，不要亂打蚊子和螞蝗喔，因為牠們可能有些是流著與我相同血液的血親！

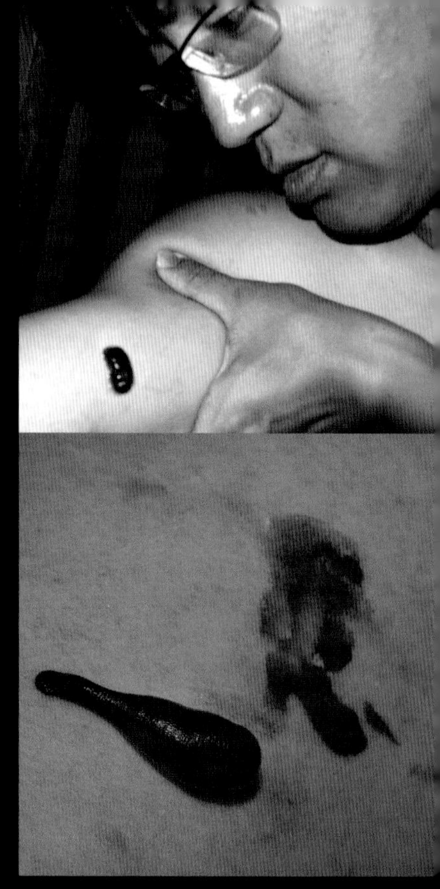

螞蝗是很多朋友公認最恐怖的雨林生物，其實螞蝗多的地方，也表示牠的食物來源——動物很多，所以要看動物
，螞蝗也是指標生物。沙巴的 DANUM VALLEY 保護區還為每位被咬的遊客準備了「螞蟥證書」。

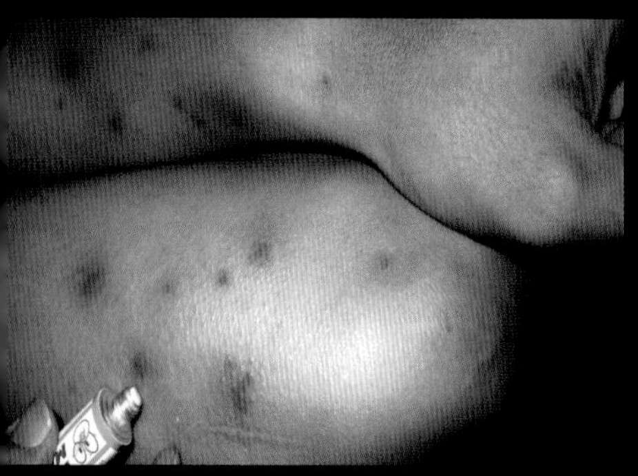

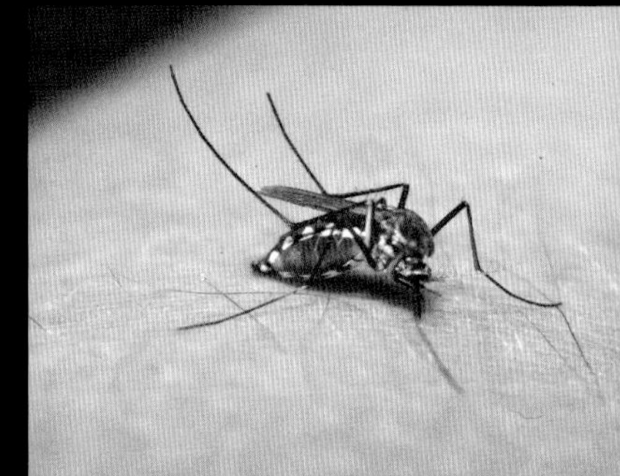

起螞蝗，我認為蚊子是熱帶雨林裡最讓我頭痛的生物，被牠一咬，渾身發癢難耐，非常不舒服

由於許多人對螞蝗的恐懼，半蛞蝓和色彩鮮艷的渦蟲，都被人誤認為是恐怖的吸血怪客，其實這些生物只是體型相似，但卻是對人無害的。光看這些生物的造型與身體的配色，就讓人嘖嘖稱奇了，用欣賞的角度來看這些生物吧！

▲ 半蛞蝓背上有個小小的殼，模樣特殊。

▲這隻螢光綠的半蛞蝓棲息在一千多公尺的神山山腰。

▲ 婆羅洲的渦蟲有著鮮豔的體色與特殊的造型，彷彿穿著名家設計的華服，在林間穿梭著。

飛蝠在天

BATS THROUGH THE RAINFOREST

位處砂勞越州的摩祿 (Mulu) 國家公園有著聞名於世的石灰岩地形，這片特殊的生態環境已被聯合國列入世界自然遺產之列。雖然外頭的赤道豔陽依然炙熱，但當我進入公園內開放參觀的鹿洞（deer cave) 中，隨即感覺一陣涼意襲來，這個洞穴是世界已知最大的石灰岩洞穴之一，最大的窟室高達 120 公尺，寬度則有 175 公尺，洞穴全長超過 2 公里。遠離高溫的太陽，在這彷彿開了冷氣的洞穴中行走應該是非常舒服，但腳下踏著堆滿糞便的濕滑步道，伴隨著讓人作嘔的刺鼻酸臭味，這滋味其實並不好受！我拿著我的強光手電筒，試圖劃破黑暗的洞穴頂端，想要看清黑壓壓一片的洞頂到底藏了什麼樣的生物，但無論怎麼照，燈光仍舊不夠強，高聳的岩壁怎麼也讓人看不清；但光就滿地的糞便與空間裡迴盪著的高頻聲響可以推斷，上頭黑壓壓的一片可能都是蝙蝠！我在一旁岩壁上看到像是燕子的巢，才知道洞裡也有燕子棲息。嚮導阿明告訴我，裡頭不但有蝙蝠，還棲息著為數不少的燕子，牠們與蝙蝠為鄰，一個日行性，一個夜行性，互不干擾！我在洞內忍著臭氣拍了一些相片，眼看將近下五、六點，阿明催促我儘快到洞穴外頭，因為即將有大事發生。

快到洞口時，就看到洞頂隱約有大批蝙蝠在飛動，在洞口向外仰望，這些蝙蝠在洞口上空集結，並繞著一個圓圈群飛。我急忙小跑步到洞外開闊的平台想看個仔細，望向鹿洞，發現剛繞圈的蝙蝠已經排著長長的隊形，像是一陣陣黑煙一樣飄向天際，這時，第二群蝙蝠也飛出洞外，天空彷彿飛了兩條飛龍，一路翻滾著往森林而去！

看到這番壯觀的景象，我和同行伙伴試圖計算一共有多少「飛龍」，卻在算到 60 的時候放棄了，因為後頭還有數不清的飛龍，不斷地從山洞裡湧出！

這數也數不清的蝙蝠群，大多是皺唇游離尾蝠（wrinkle-lipped bat)，以昆蟲為主食的牠們，在晴朗的傍晚就會成群的飛出洞穴覓食。根據科學家調查，摩祿國家公園光是鹿洞裡就棲息了超過三百萬隻的蝙蝠，數量非常驚人！而牠們之所以要「排隊」出洞，是為了要以群體力量閃避掠食者的伏擊。在鹿洞外幾次觀察下來，在蝙蝠出洞時，總會有幾隻獵蝠鷹 (bat hawk) 盤旋在洞口不遠處，專挑落單的蝙蝠出手！只要看到蝙蝠大隊飛的鬆散，獵蝠鷹便俯衝而下，衝進空隙一舉成擒！有個小學老師還開玩笑說，我要回去告訴孩子，蝙蝠不好好排路隊就被老鷹吃了，要好好守規矩排隊！這雖然是玩笑話，但也見識到小小蝙蝠以群體「飛蝠」在天的力量抵禦掠食者的奇計！

黑煙般的蝙蝠出洞奇景，至今仍震撼我心。依蝙蝠的食量來估算，這區域的三百萬隻蝙蝠，每天就要吃掉約十五萬公噸的昆蟲，天天要有這麼多數量的蟲子供應蝙蝠大軍的溫飽，摩祿國家公園果然不愧是熱帶昆蟲多樣性的天堂！

棲息在山洞裡的皺唇游離尾蝠。

摩祿 (Mulu) 國家公園有著聞名於世的石灰岩地形，每天傍晚有成千上萬的蝙蝠從地下岩穴飛出覓食。

獵蝠鷹在蝙蝠群附近盤旋，尋找落單的獵物。

蝙蝠群起飛之後會在鹿洞洞口盤旋集結，再整隊出發。

在蝙蝠集結的洞口有一塊岩石長得很像林肯側臉。

鹿洞是世界已知最大的石灰岩洞穴之一，最大的窟室高達 120 公尺，山洞裡棲息著超過六百萬隻的蝙蝠。

Chapter 3

WILD BORNEO

野性婆羅洲

這是一個二十四小時充滿驚喜的地方，白天的有大批生物在林間穿梭覓食，

夜幕低垂時又換上另一批生物上場…這片土地真是野性十足！

Chapter 3 Wild Borneo

大鼻子情聖

PROBOSCIS MONKEY

記得第一次來到婆羅洲，在河口紅樹林遇見了這裡特有的長鼻猴 (proboscis monkey)，透過長鏡頭，我認出牠那大鼻子，勾起一段我小時候的記憶，在小學的時候，學校福利社賣著一種三張一包的動物書卡，多種動物圖案的書卡，引誘著愛動物的我去購買，隨機抽選包裝的書卡，常收集到重複的動物，有次，我把好幾張書卡丟進垃圾桶，被媽媽罵了一頓說我浪費，問我為何這麼做，我回答她：「這猴子鼻子好大，很醜！」，小時候被我「嫌棄」的猴子，現在卻活生生在我面前出現，那種感覺真是難以形容！但長大後再看牠，卻一點都不覺得醜了，甚至還覺得牠很可愛呢！

長鼻猴的鼻子出奇的大，在爭鬥地盤的時候，成年雄猴常常用牠的大鼻子向對方發出吼叫，以顯示牠獨有的雄性特徵。為何大鼻子是雄性長鼻猴獨有，眾說紛紜。有人說這樣的大鼻子是游泳時的通氣管，另一種說法則是大鼻子可以幫助調節體溫，但這無法解釋公猴和母猴鼻子的巨大差異。最浪漫的一種闡述是因為雌性長鼻猴喜歡大鼻子的雄性。由此推斷大鼻子公猴，比小鼻子的情敵有更多的機會「抱得美人歸」，得以繁衍更多的後代。於是表徵大鼻子的這部份基因被保留下來並世代相傳。或者，大鼻腔能有更好的共鳴效果，使得公猴求愛和示威的叫聲能夠更有氣勢。所以給雄性長鼻猴「大鼻子情聖」的封號是再貼切不過了！

公長鼻猴連吃東西的時候都要用手撥開大大鼻子，將食物送進口中；母猴鼻子較短，與公猴有明顯的差異。

不單是那大大的紅鼻子，圓滾滾的大肚子和屁股上那片好似穿著「白色三角小內褲」的毛髮，總是讓牠充滿話題。長鼻猴有著圓滾滾的大肚子，幾乎是其它猴子的兩倍大，所以無論雌雄都是一副身懷六甲的樣子。這與牠們的食物有直接的關係，牠們以紅樹林樹葉為主食，不過這道素食不僅養分少而且有毒。因此牠們身體形成了一套完備的消化系統，以便更有效地吸收養分並分解樹葉的毒素，大型且多間隔的胃是其主要的消化器官，裡面充滿大量醱酵食物的細菌，能夠幫助牠們消化樹葉並從中獲取能量，由此可知長鼻猴的大肚子是身負重要任務的！

在婆羅洲許多地方當地人稱長鼻猴為Orang Belanda，馬來語的意思是「荷蘭人」，因為長鼻猴滑稽的模樣總讓當地人聯想起當年歐洲探險者的形象——大鼻子、大肚子。直到今天，這仍是牠們在當地最通行的名字。

公長鼻猴除了大鼻子，還有一個大肚子，屁股上的白毛髮讓他看起來好像穿著三角褲。

住在紅樹林裡的長鼻猴吃素，牠們以樹葉為主食，大肚子裡的胃有特殊的構造讓牠們可以消化紅樹葉子的毒素。

長鼻猴只有公猴具有超大鼻子，有可能是長時間以來，
大鼻子的公猴比較受到母猴的喜愛，因此大鼻子的基因就這樣保存下來。

長鼻猴還有一個與靈長類親戚完全不同的特徵，即後足上有蹼。婆羅洲雨林裡有許多縱橫交錯的水道，不少河流都有著寬闊的水面，所以在這裡生活的牠們必須精通水性。長鼻猴算是游泳健將，但是並不熱衷此道。如果真的有必要游泳渡河，牠們常會先從樹上長距離的一躍而下，再迅速游到對岸，不發出太多的聲響，因為河裡住著牠們害怕的掠食者—鱷魚！

比起鱷魚捕食，人類不斷的砍伐森林與建設迫使河流改變了方向，並造成泥灘地沙化，紅樹林因此逐漸瓦解死亡，使得賴以為生的長鼻猴棲息地日益縮小，危害到牠們的生存。如何讓這個雨林裡可愛又特殊的「大鼻子情聖」繼續在婆羅洲這片土地上快樂的生活著，是值得我們人類深思的課題！

長鼻猴不常游泳，但必要時後足上的蹼成了最佳利器，厚腳皮也讓牠在充滿氣根的紅樹林泥灘裡活動自如。

林間跳躍對長鼻猴來說是家常便飯，但看著大肚子的猴王奮力一跳，還是讓人替牠捏把冷汗。

年輕的公猴鼻子稍短，等待經過更多歷練才有機會稱王。

成年公猴身上的毛髮很長，像穿了一件毛背心。

長鼻猴是群居動物，當中一隻大公猴帶領大約二十隻母猴、小猴和年輕公猴在紅樹林間活動。

長鼻猴的母猴與深褐色小猴。

Chapter 3 Wild Borneo

頑皮家族

NAUGHTY MONKEYS

與長鼻猴同樣也出現在海岸紅樹林的銀葉猴 (silvered langur)，是長鼻猴的伴生動物，雖然都是吃素，卻互不干擾，因為牠們沒有特殊的胃，所以不會與長鼻猴搶食含有毒素的紅樹葉。我第一次看到一身灰色毛髮的牠，讓我想起科幻電影裡的毛怪，觀察一段時間之後，發現有一隻母猴，懷裡抱著一隻金色的小猴子，我還以為發現了新物種，好友揚耀跟我開玩笑說，婆羅洲地區的猴子都有「易子而教」的習俗，他活靈活現的說：「你看牠手上那隻，金黃毛色是長鼻猴的孩子，而長鼻猴呢，則負責帶長尾獼猴的孩子，真正銀葉猴的孩子，是由長尾猴負責！」當時還讓被太陽曬昏頭的我一度信以為真。其實銀葉猴剛出生的幼猴，全身長滿了金黃色的毛髮，這也是一種幼體的識別，黃金小猴通常在族群之中，會備受保護，以人類眼光來看母猴抱著小猴，還真像是抱個玩偶！這種特殊的體色大約到三個月之後才會逐漸變成跟父母親一樣的灰色。雖然同是葉猴，從 2000 公尺的森林到低海拔的低地雨林都有分布的紅葉猴 (red leaf monkey) 就沒有特殊色彩的寶寶，不過紅褐色的毛髮搭配上猶如「阿凡達」電影裡的納美人藍色臉龐，這超現實的特殊造型實在讓人難忘！

銀葉猴在移動時會帶著小猴一起跳躍，自小就開始學當空中飛猴。大約三個月左右，金黃色小猴會開始長出灰色毛髮。

素食的銀葉猴只吃樹葉以及果實。每次看到一身灰色毛髮的牠，讓我想起科幻電影裡的毛怪。

很難想像，可愛的金黃色
小猴是銀葉猴的小孩。

紅毛葉猴跳躍功力也是一流，常在密林裡活動的牠們有著鮮紅色的毛髮與藍色的臉，長相十分特別。

比起造型特殊的銀葉猴，長尾獼猴 (long-tailed macaque) 雖然造型一般，體型也比壯碩的豬尾獼猴 (pig-tailed macaque) 來的瘦小，但雜食性的牠膽子卻比其他猴子都要來得大！

婆羅洲雨林最安靜的時刻，就是艷陽高照的中午。所有生物都躲起來乘涼，也是我們的休息時間，我睡得正熟，卻被窗外一陣騷動驚醒，我吃力的睜開眼，往窗外一看，竟瞧見一隻長尾獼猴躡手躡腳拉開紗窗，另一隻已經鑽進窗戶露出半個頭，我連忙坐起來大聲威嚇，牠也睜大眼對我露出牙齒示威！第一次跟猴子這樣的近距離接觸，讓我睡意全消！手忙腳亂的趕走了進屋的潑猴，卻聽到隔壁木屋有女聲尖叫，衝出門外，看到一個女孩用英文一直大聲的罵，原來這囂張的獼猴群轉移陣地，搶了女孩的蛋糕。諷刺的是，那隻搶了蛋糕的獼猴，就在木屋前寫著「注意獼猴，請勿餵食」的告示牌前吃起蛋糕來了！看到這一幕，我真不知是該笑還是該難過，「人猴大戰」似乎是這裡常有的戲碼。其實這也表示人為的開發已經破壞了猴子的棲息地；猴群找不到食物，只好改當搶匪！

又稱為食蟹獼猴的長尾獼猴，清晨和黃昏都會成群到海灘上以及紅樹林泥灘地上尋找食物，牠們會捕捉招潮蟹為食，也會撿拾潮間帶的死魚和其他海鮮。聰明的牠們不知何時發現搶奪人類的食物遠比自己覓食容易，因此常常看到一些「投機份子」四處偷襲遊客，還會優先選擇女性和小孩，有時還會裝著一副無辜的表情，讓一些心軟的遊客無視法規而餵食牠們，這些行為成了牠們每日的覓食行程！會造成今日這樣的失控情況，其實仔細想一想，猴子本無過，人類搶了牠們的棲息地，將牠們的家園開發來種植作物、蓋房子，當牠們肚子餓的找不到食物，當然就鋌而走險了！雖然每次看到猴子搶匪出現都不禁莞爾，但我憂心這種人與猴的紛爭會演變成對猴子的莫大傷害，還是祈禱這些小流氓們在人類身上搶不到食物，而老老實實的回到野外覓食。

國家公園的工作人員告訴我，牠們會在日落前聚集在泥灘上覓食，我在夕陽餘暉照耀下漫步到紅樹林泥灘地，默默看著大獼猴帶著小獼猴覓食，看著牠們在海水裡淘洗撿拾的海鮮，我想這才是屬於熱帶雨林最真實的一面 (CD 曲目：07)。望著一片金黃的海灘和猴群的剪影，不斷思考著，當太陽再度升起時，我們是否可能還給猴群衣食無虞的家園？

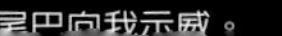

長尾獼猴正高舉尾巴向我示威。

長尾猴母猴與小猴。

正在無花果樹上大快朵頤的長尾猴。

兩隻小長尾猴正在積水的草地上尋找食物。

豬尾猴比長尾猴體型壯碩，因為尾巴短小而得名。

長尾猴又稱為食蟹獼猴，牠們會趁著退潮到潮間帶紅樹林裡尋找食物。

Chapter 3 Wild Borneo

森林人

ORANGUTAN

「一看到我，牠就開始發出類似咳嗽一樣的號叫。牠看起來是暴怒了，用前肢折斷樹枝扔向我，然後迅速消失在樹尖。」在婆羅洲的沼澤地，英國著名的博物學家、地理學家和探險家華萊士曾記述了和一隻紅毛猩猩的驚悚相遇。

一百五十多年後的今天，我來到這座神秘的島嶼，同樣的追尋著雨林裡的紅毛猩猩，但是十多年來，別說咆哮，幾乎鮮少有機會在森林裡與真正野生的紅毛猩猩遭遇。

紅毛猩猩有兩個亞種，分別分布在婆羅洲以及印尼的蘇門答臘，主要生活在原始的泥炭沼澤森林裡。牠的名字Orang-utan，源自馬來話對牠們的稱呼utan 指的是森林，Orang 是「人」的意思；婆羅洲的伊班族有個傳說，祖先死去後，都會變成紅毛猩猩，到森林深處去生活，一直守護著森林。對他們來說，牠們就是居住在森林裡的「人」，因此才會這樣稱呼紅毛猩猩。

每當我有機會深入原始雨林裡追尋紅毛猩猩，觀察叢林高處露出的枯黃大巢時，都會忍不住想像那晚睡在這裡的紅毛猩猩會是什麼模樣？和人類一樣，紅毛猩猩也喜歡睡床，幾乎每天都會在不同大樹的樹冠上鋪床。手臂長而粗壯的牠們會在天黑之前，折下較細小帶著葉片的枝條，在大樹幹上鋪出寬約一公尺的睡床，雖然床的面積不小，但由於群樹環繞，綠色的床鋪並不容易發現，所以當牠們的翠綠床鋪逐漸枯黃時，牠們早已不知雲遊到何處了。

雄、雌與小紅毛猩猩（左起） 各有不同臉部特徵。

每當透過鏡頭與那充滿靈性的神情相望時，總是被牠們似人的清澈眼神撼動，讓我有種「偷窺」的心虛，事實上，紅毛猩猩與人類基因確實有著約 96% 的相似，在所有的靈長類猿猴之中，紅毛猩猩的智商是相當高的一種，在多個研究報告中，都確認了牠們有使用工具的能力和行為，如拿木棍敲開果實等。紅毛猩猩喜歡吃水果，而且胃口驚人，一天大概一半的時間都在吃東西，野生無花果是牠們的最愛，如果能找到一棵結果累累的無花果樹，無疑是牠們最開心的時刻，甚至乾脆住在上面狼吞虎嚥，婆羅洲約有 400 種水果都是紅毛猩猩取食的對象。牠們不像長鼻猴一樣是素食主義者，水果缺乏的時候，雜食性的牠們，樹葉、樹皮、蜂蜜、小型昆蟲甚至鳥蛋也是來者不拒的。

紅毛猩猩正狼吞虎嚥的吃著樹上的無花果大餐。

成熟的婆羅洲供紅毛猩猩臉的兩側有著深色的肉垂及寬闊而突出的臉頰外緣，前額有很深的縐褶和短短的鬍鬚。

一般猴子在一兩歲就各自獨立，而同屬靈長類的紅毛猩猩卻和人類的孩子一樣，有著漫長的幼兒期。雌性紅毛猩猩約 7 到 8 年才產一胎，幼子可以一直跟在媽媽身旁，直到母親再次生產下一胎。因此，到了 7 歲，有些甚至是 10 歲，年輕的紅毛猩猩才開始獨立生存。一隻野生雌性紅毛猩猩可以活到 40 歲，但在這麼長的生命週期中，卻最多只能產下 4 隻小猩猩，因此低生育率也是紅毛猩猩目前瀕臨絕種的原因之一。

原本分布廣泛的牠們，如今只能在少數幾個海拔 1400 公尺以下的龍腦香科森林、河流邊和泥沼澤森林找到其蹤跡。然而，牠們的可愛和聰明竟然成了最大的危險，因為小猩猩正是炙手可熱的高價寵物，獵人為了活捉小紅毛猩猩，通常都會射殺牠們的母親，每隻被盜賣的小紅毛猩猩身上都有著悲慘的故事；還好，現今牠們已經被列為華盛頓公約組織明令保護的動物之一。但是命運坎坷的牠們，卻又要面對棲息的原始森林遭受人類的砍伐與開發的危機，讓這些人類的近親不斷的面臨家族離散和家園破碎的雙重痛苦。

紅毛猩猩和人類一樣有著漫長的幼兒期。

雌性紅毛猩猩約 7 到 8 年才產一胎，幼子可以一直跟在媽媽身旁，直到母親再次生產下一胎。

紅毛猩猩從小會跟著媽媽在森林
裡到處覓食，學習生活技能。

雄性成年紅毛猩猩過著
獨居的生活。

一百五十年前，當華萊士來到婆羅洲的時候，遇到紅毛猩猩幾乎是家常便飯，從他的『馬來群島自然科學考察記』一書的字裡行間便可得知。如今，牠們的棲息地大幅減少，但我在少數機會中，仍有幸親眼目睹這種動物艱難求生的身影。

不知在將來，那有著聰慧眼神、翹著調皮嘴角越過叢林的小紅毛猩猩，是否還能在森林裡來回擺盪？或是只能出現在我們的雨林夢境裡？

紅毛猩猩會用綠色枝葉鋪床，但牠都只睡一晚，等我們看到枯黃大床，主人已經早就不知雲遊何處了。

紅毛猩猩需要的生活領域非常大，因此不斷縮小的雨林棲息地，讓可愛的牠們生存備受威脅。

Chapter 3 Wild Borneo

雨林歌手 GIBBON

每回想起清晨的婆羅洲，那林間迴盪的長臂猿歌聲是我對雨林最深刻的回憶。大自然裡很少像長臂猿那麼愛鳴叫的動物，而且聲音既動聽又特別，讓我十分著迷。

根據科學家的研究指出，這樣的美妙旋律是由雌雄長臂猿一起唱的二部和聲。雄性長臂猿常在日出之前獨唱，而在日出之後簡短地結束，一開始的歌聲是連續和悅的鳴唱，大約 20 分鐘後，轉為急促而高亢。而雌性長臂猿則在日出之後才鳴叫，聲音較短，旋律也少有變化，並一再地重複。這樣的「雨林晨歌」主要是在宣告牠們在森林中的領域及位置。有趣的是，雄性和雌性長臂猿在一起的配偶關係比較長，有更多的練習與默契，也會讓牠們的二重唱更形豐富且充滿變化。(CD曲目：8)

而長臂猿的獨唱也大有玄機，雄性單身長臂猿透過「唱情歌」的方式找尋伴侶，反之已有配偶者則是以歌聲警告其它雄長臂猿不要搶牠的伴侶；相較於雄長臂猿的「情歌」，雌性長臂猿唱的可能就是「戰歌」了，通常是跟保衛果樹有關，如果在同一領域裡長臂猿的密度較高時，牠就會每天鳴唱來宣示主權。

婆羅洲有二種長臂猿，一種是黑長臂猿 (agile gibbon)，另一種是婆羅洲長臂猿 (或稱灰長臂猿，Borneo gibbon)，這兩種長臂猿的分布區域並不重疊。樹棲的牠們特別喜好低海拔的龍腦香森林，主要以水果為食。長臂猿並不會像猴子一樣妻妾成群的大家庭生活，而是以一夫一妻組成的小家庭，而幼長臂猿也會跟隨在父母身邊。

很少有動物可以像長臂猿一樣可以縱情且毫不費力的在樹冠層間擺盪。牠們懸掛在樹枝下，然後用強壯的手臂往前擺盪前進，這種橫越樹冠頂端的方式，可以說是神乎其技。這是長臂猿獨有的特技，其它靈長類都沒辦法像牠一樣，在樹冠層間如此快速且敏捷的移動。

然而，長臂猿的高空林間擺盪也不是沒有風險，當樹枝斷裂或間距沒算好的話，就會有意外發生，大多數的長臂猿終其一生都曾有過骨折的經驗，甚至有些還因重傷而喪命。我曾經在一個保護區的河床上，目睹長臂猿的遺骸，根據嚮導的推測，應該是前幾天為了搶地盤打架時，從樹上摔落致死！雖然長臂猿的失手可能會致命，但還是遠不及人類的毒手來得可怕，寵物市場的覬覦、棲息森林的破壞，都可能讓長臂猿的雨林晨歌完全從森林裡消失。

無花果澄紅香甜的果實長臂猿也無法抵擋它的魅力，要在雨林裡尋找長臂猿的蹤跡，要先搜尋哪裡有果樹。

長臂猿懸掛在樹枝下，然後用強壯的手臂往前擺盪前進，這種橫越樹冠頂端的方式，可以說是神乎其技。

長臂猿的超長手臂讓牠可以在樹上來去自如。牠們睡覺不築巢，直接躺在樹幹上，並用手緊緊抓著一旁樹枝以防失足。

Chapter 3 Wild Borneo

鬍鬚怪客

BEARDED PIG

還記得我第一次到婆羅洲，為了前往一個位於河口、沒有陸路可通的國家公園，搭著木船前往，在一陣顛簸之後，船伕示意我們下船，可是不是還沒靠岸呢？原來，那天正遇到大退潮，船進不了碼頭，一行人只好認命的捲褲管、脫鞋子，把所有的器材上肩涉水上沙灘，頂著豔陽狼狽的跋涉了半小時，這時有個伙伴看到遠方的泥灘上有一隻動物，嚷著要大家看看那是什麼，有人說是狗，還有人說是犀牛，一堆人七嘴八舌說不出個所以然，這時候我從背包拿出長鏡頭，一對焦，你猜我看到什麼？一頭長得很奇怪的「山豬」！我是不是已經曬昏頭了？在海邊看到豬已經夠奇怪了，更何況牠的臉上還長著長長的鬍鬚！

等我們一行人慢慢靠近，終於看清牠的模樣，牠從眼睛下方到口鼻處長著長長的捲毛，模樣看起來有些滑稽！這隻長相特殊的動物是鬍鬚豬 (bearded pig)，較長的頭部和布滿觸鬚的下顎以及嘴上端兩旁的肉突是其最大特徵，由於牠們喜歡在泥中打滾，因此泥色也常決定牠們的外觀顏色。牠們能夠適應從海岸到熱帶森林的各種生態環境，這也是為什麼在海邊也能看到牠的蹤跡！

鬍鬚豬是雜食性動物，吃土中的植物根、真菌與無脊椎動物。記得有一年，我回到那個國家公園，卻看園區前方的草地好像被挖土機翻過正在施工，我詢問工作人員，才知道那一年因為很久沒有下雨，森林裡的食物短缺，鬍鬚豬發揮了驚人的挖掘能力，幾乎翻遍整個園區的草地尋找食物！

鬍鬚豬是婆羅洲當地原住民最常捕獵的野生動物，甚至可以追溯到四萬年前，在砂勞越的尼亞石洞裡，考古學家找到了大量的生物遺骸，比對之後大多是鬍鬚豬被宰殺之後留下的。雖然鬍鬚豬在婆羅洲已經被立法保護，卻難敵盜獵者追殺，目前要在山裡看到牠，只有在幾個保護區還有機會與牠做近距離接觸！我常常會找機會回保護區裡看看這些可愛的老朋友，看看牠們是否安在？我常暗自祈禱，希望牠們夠聰明，不要走出獵人虎視眈眈的保護區界線外，更希望牠們的子孫都能夠在這片熱帶雨林裡快樂的安養天年！

鬍鬚豬小時候身上只有深色條紋，沒有長鬍鬚。

鬍鬚豬雖然體積龐大，但遇到危險時，奔跑速度還是非常的快。

在食物短缺的旱季，鬍鬚豬會挖掘草地，尋找藏在地底的植物根莖甚至昆蟲來果腹。

公鬍鬚豬露出長長的豬牙威嚇對手；牠們常為了搶地盤而大打出手，尤其在母豬發情時越演越烈。

Chapter 3 Wild Borneo

叢林追鹿

DEERS

和許多地區一樣，婆羅洲的鹿類也是獵人們覬覦的蛋白質來源，因此要在白天見到牠們實在是難上加難。我第一次遇見最大型的馬來水鹿(sambar deer)，是在滿月的丹農河河床上，一群水鹿趁著夜色掩護，在河床上喝水與覓食。透過手電筒的照射，一雙雙反射出紅光的水鹿眼睛散布四周，有公的、母的和小鹿，初步估計這群水鹿有 20 隻之多。第一次在黑夜裡與大型的水鹿近距離接觸，著實讓我興奮不已。而婆羅洲熱帶雨林裡最小型的鹿——鼠鹿（mouse deer)體型就嬌小許多，比起身高約 120 公分、體重 100 公斤以上的水鹿來說，牠真的十分迷你，鼠鹿身高大約只有 20 至 30 公分，體重也僅約 3 公斤。這麼小型的鼠鹿在保護區木屋旁出沒時，還曾經讓與我同行攝影的友人誤以為保護區養了幾隻小狗！

鼠鹿不但體型小，與身體不成比例的超細長四肢，是牠在叢林奔跑的利器！只要察覺環境有異，會先在原地靜止不動，或臥伏草堆之中將自己偽裝起來，直到確定逃生路線時，便一溜煙似的飛奔而去，消失無蹤，因此在野外想要拍到一張牠的相片，可是得與牠鬥智而且非常耗時！

在馬來西亞的民間傳說中，鼠鹿一直是個狡詐的傢伙，常常以智力勝過比牠強大的動物，有一個牠和鱷魚的古老故事至今還是流傳著。鼠鹿發現河的另一邊有一棵結實累累的紅毛丹樹，不會游泳的牠想到了一個詭計，告訴鱷魚說國王派牠來數河裡的鱷魚數量一共有多少隻。鱷魚們相信了鼠鹿的說辭，整齊地沿河排列成一排，狡猾的鼠鹿便如牠所期望地跳上鱷魚的背上一隻接著一隻數，於是就輕易的跨過鱷魚搭成的橋，到對岸去享受牠最喜愛的水果！雖然被冠上狡詐的稱號，鼠鹿卻也因為絕地逢生的機智與堅韌的生命力，而成為馬來西亞麻六甲州的州徽！不過許多當地人，都不曾見過鼠鹿的真面目，因為適合鼠鹿生活的棲息地已經越來越少了！

很喜歡聽婆羅洲的朋友講這裡的動物故事，我相信只要雨林還在、鼠鹿還在，這些有趣的鄉野故事就會不斷地在這片熱帶雨林裡流傳下去！

體型不小的水鹿都在夜色掩護下外出覓食。

別看有著細腿的鼠鹿身形嬌弱，嘴裡可是有一付尖細的犬齒。平時都躲鑿在灌木叢中，褐色的體色讓牠有了很好的偽裝。

小齒狸（*Arctogalidia trivirgata*）

夜間祕密客

NOCTURNAL ANIMALS

比起白天的婆羅洲雨林，有著各種蟲鳴、蛙鳴與不知名生物伴奏的雨林之夜，可是一點都不遜色，甚至可以用「充滿活力」來形容。

這裡的夜晚是貓科和靈貓科動物的出沒時間。婆羅洲熱帶雨林裡的貓科動物扮演著掠食者的角色，除了大型的雲豹以外，體型略小的石虎，也是讓小動物們聞之色變的夜間獵手！而靈貓科的麝香貓是這裡出名的動物明星之一，不要小看牠其貌不揚，卻因為「便便」而身價高漲！

麝香貓在吃了咖啡的果實之後，會排出剩下硬殼咖啡豆子的排遺，經過洗滌烘焙後，據說泡出來的咖啡有種特殊的「異香」，受到許多饕客喜愛！麝香貓應該也沒想到，在這擁有衆多動物明星的島嶼，自己也可以因為便便一舉成名！

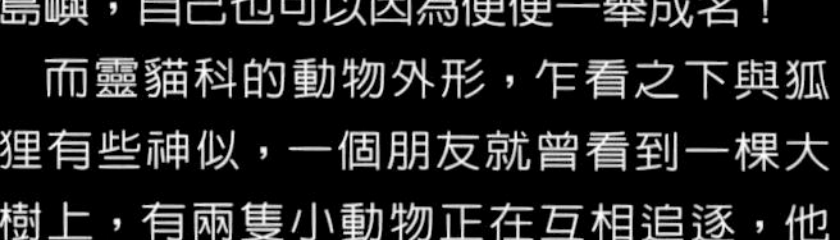

而靈貓科的動物外形，乍看之下與狐狸有些神似，一個朋友就曾看到一棵大樹上，有兩隻小動物正在互相追逐，他繪聲繪影的說，這兩隻動物的模樣好像傳說中的「狐仙」，還能在樹上輕盈的跳躍著！為了追根究底，我拿著手電筒搜尋整片林子，終於在兩層樓高的樹上看見一隻友人口中的「狐仙」，那是一隻小齒狸（*Arctogalidia trivirgata*），正在覓食的牠完全不理會我的燈光干擾，繼續享用牠的果實大餐！在此地幾種靈貓之中橫帶狸貓 (*Hemigalus derbyanus*) 是我認為「最時髦」的一種，因為牠棕色的皮毛上還有一圈一圈黑色的線條裝飾，有種與老虎類似的奇特美感！

石虎躲藏在灌木叢中準備捕食囓齒類動物。

正在樹上大啖果實的小齒狸。

橫帶狸貓棕色的皮毛上還有一圈一圈黑色的條紋，跟老虎身上的斑紋有點相像！

石虎的體型跟家貓差不多，身
上有如雲豹般的美麗花紋。

WESTERN TARSIER
Tarsius bancanus
The tarsier,
Which lives in a small
family group, jumps
from tree to tree.
Its bulging eyes allow
it to spot its prey in
the dark. Flattened
discs on its fingers and
toes help it cling
to branches.

印象中靈長類動物都是在白天活動的，但是在婆羅洲熱帶雨林的夜晚，也有靈長類動物只在夜間出沒的，那就是有著大大眼睛的眼鏡猴 (western tarsier) 和懶猴 (slow loris)。

要在婆羅洲雨林裡看見眼鏡猴的蹤影，實在太困難了，十幾年來，我只有一次疑似目擊的紀錄，那是在一個擁有原始雨林的保護區密林裡，那個環境除了細小的樹枝支幹，還布滿了藤蔓，當時我手電筒照到遠處枝幹上有著一隻生物，但因為沒有動物常有的眼球反光(通常為紅色或黃色)，讓我無法判斷牠是何許生物。而那隻生物就這樣從我燈光照射處往密林裡的樹枝間跳躍了幾次，短短幾秒鐘便消失在我眼前。原本以為那是華萊士飛蛙，後來經過證實，那的確是我這麼多年來最想看到的眼鏡猴！世界上有五種眼鏡猴，西方眼鏡猴只出現在婆羅洲，牠是婆羅洲最小的靈長類，重量大約 100 至 120 克左右。然而，牠並不因為體型小而缺乏運動神經，強而有力的後肢，典型的垂直攀跳方式，讓牠的移動距離可以長達體型的四十倍，在樹幹和森林底層的小樹之間飛躍地追捕獵物。只攝取動物性蛋白質的牠們，食物包含蛾類、蟬、甲蟲等昆蟲，還有蛙和小蜥蜴等脊椎動物，甚至還會捕捉小型的鳥和毒蛇。

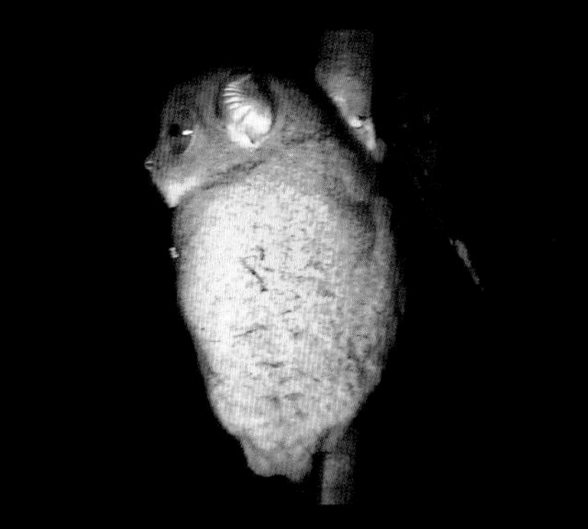
超大的耳朵能輔助牠在夜間尋找食物。(ANDREA KIEW 攝)

眼鏡猴大大的眼睛讓牠可以在夜間出沒，並用攀跳的方式，在森林底層的小樹之間飛躍的追捕獵物。(徐基東攝)

長相特殊的眼鏡猴，擁有世界上哺乳類動物當中最大的眼睛，大大的眼睛佔滿了牠頭部的三分之二，成了最大的特徵。而眼鏡猴很難在野外被發現，最主要原因就是眼球缺乏像一般夜行性動物聚集光線的光神經纖維層 (tapetum lucidum)，所以即使手電筒照射到眼睛時，也不會像其它動物會反射光線。難怪想要找到牠們這麼困難！

科學家推測，眼鏡猴的祖先可能是日行性動物，後來轉變為夜間的生活習性，但因為缺乏那一層感光構造，因此在夜間活動的眼鏡猴，眼睛必須變得比其它靈長動物（如懶猴）更大，以有效地捕捉更多的光線。

眼鏡猴在婆羅洲伊班族原住民的眼中，是不吉祥之物。據說這個有著出草獵頭習俗的勇士們，最害怕在森林裡遇到眼鏡猴，因為眼鏡猴的頭部可以像貓頭鷹一樣 280 度的旋轉，遇上牠，也意味著遇上牠的人會被敵人砍殺，頭顱落地，因此也有「鬼猴」之稱！

擁有和眼鏡猴類似的大眼睛、柔軟的毛和可愛的模樣，讓懶猴成為婆羅洲頗富盛名的物種。幾次看到懶猴，距離都很遠，看著牠們在高高的大樹上，緩慢的行動著，圓圓的眼睛搭配牠的身形，好像可愛的絨毛玩具。懶猴的樣子有別於一般的猴類，被歸類為「原猴」，意思是指牠們有一些特徵類似於早期的靈長類動物，但並不代表牠們就是最古老的原始靈長類。話雖如此，牠們還是保有一種原始猴子的基本特質，就是懶猴沒有相對應的拇指和食指，所以無法像其它靈長類一樣靈活的使用指頭，只能用整隻手去抓取物品。跟牠的名字一樣，懶猴的生活步調總是十分緩慢，牠的前後肢幾乎等長，所以只能用攀爬行走的方式於樹枝上移動，而不是像眼鏡猴靈活的跳躍林間。但是懶猴在受到驚擾時，卻又能夠轉變成讓人意想不到的快速移動，而順利逃之夭夭！平時速度雖然緩慢，但懶猴的嗅覺可是非常好的，常靠著嗅覺尋找成熟的水果和昆蟲為食，除了這些食物之外，懶猴因為新陳代謝較為緩慢，也會吃像馬陸這一類的有毒蟲子，毒素在產生作用和被吸收之前，早已經在體內循環的過程被中和掉了。牠們不但吃有毒的食物，科學家還發現，懶猴還會製造毒素，遇到危險，毒素會從手肘的腺體分泌出來，牠們會將毒素吸入口，透過牙齒咬或直接舔到敵人身上！可別小看這動作緩慢的可愛小傢伙，因為牠們可是擁有「毒」家手段的高手喔！

只因為牠大大的眼睛，模樣可愛，所以成了許多人的寵物。我在森林裡搜尋了十年，第一次見到懶猴竟然是被關在籠子裡的，牠無助的眼神讓我非常難過。

Slow loris
Nycticebus coucang
The slow loris
is nocturnal and
usually arboreal.
Feeds on small animals,
mostly insects, and on
pulpy fruits, including cocoa.
It gets a firm grip from the
positioning of its thumb at right
angles to the other digits.
Much more slow-moving than the
western tariser, the slow loris allows its
prey to approach before catching
it with its forelimbs.

Chapter 4

叢林飛羽

BIRDS OF THE RAINFOR

我與大鳥對望著，午後斜陽把雄鳥的尾羽照耀得如黃金般閃亮，

牠抬起那好似帶著藍色面罩的頭部，驕傲的拍著翅膀向我示威著⋯

ST

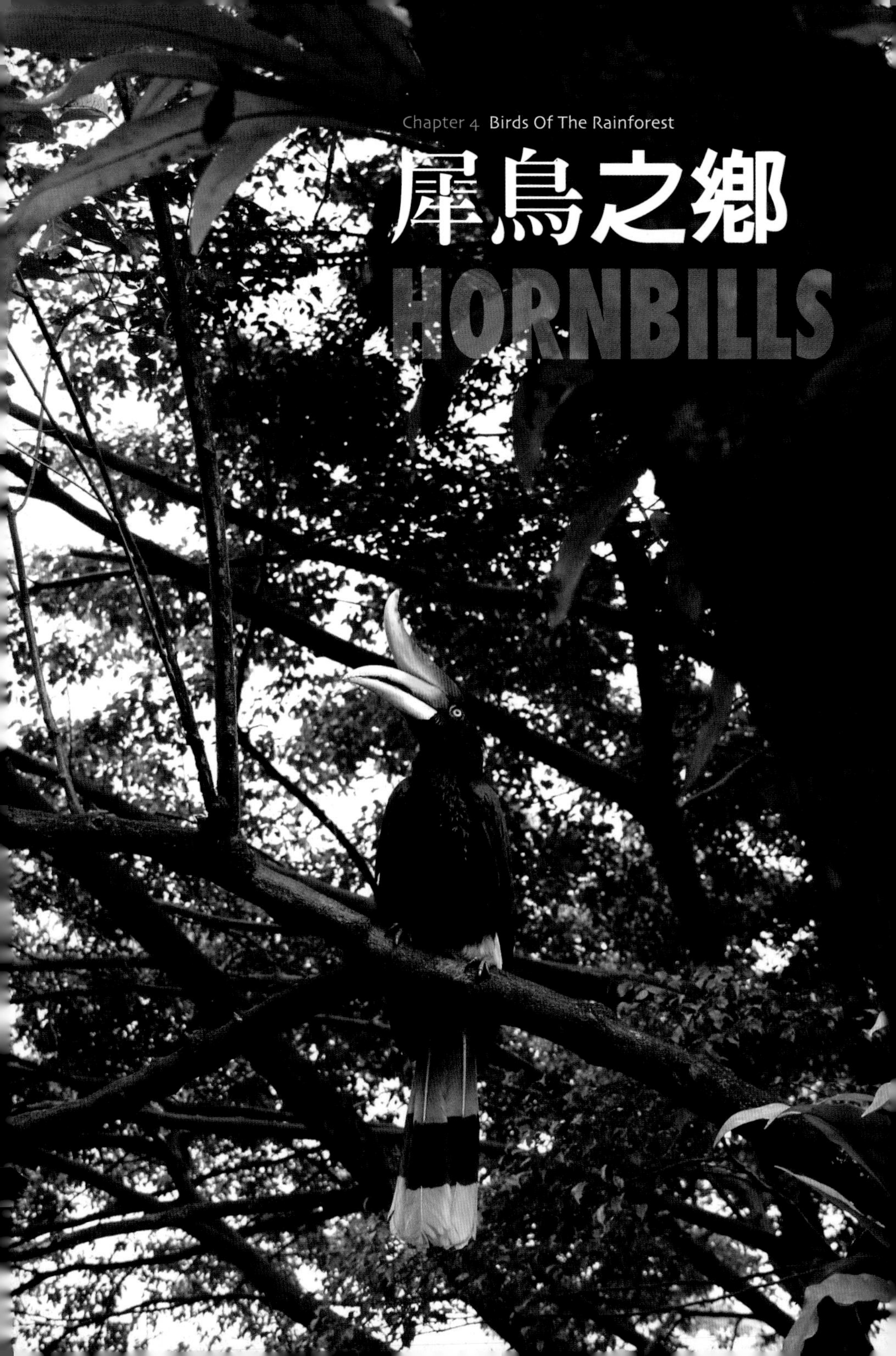

Chapter 4 Birds Of The Rainforest

犀鳥之鄉
HORNBILLS

如果你來到婆羅洲雨林見到了犀鳥，真是應該暗自慶幸，因為這是大自然特別安排的特殊「艷遇」，當你有機會看到這種翼展超過 150 公分的大鳥從頭頂飛過，就會知道我為何這麼說了。

雖然東南亞和非洲兩大區域都有犀鳥的分佈，但我認為婆羅洲島上的犀鳥是我見過形態與色彩最突出的一群。在馬來西亞，有著「犀鳥之鄉」之稱的砂勞越州(sarawak)，就是以頂著鮮艷紅色頭冠的翹冠犀鳥 (rhinoceros hornbill) 做為砂勞越的州徽，造型特殊的牠，張開那對大翅膀凌空而過，好似一架有著華麗裝飾的戰鬥機，那滑翔天際的英姿攝人心魄。（CD 曲目：09)

翹冠犀鳥用特殊的鳴叫聲呼喚同伴，也宣示領域。

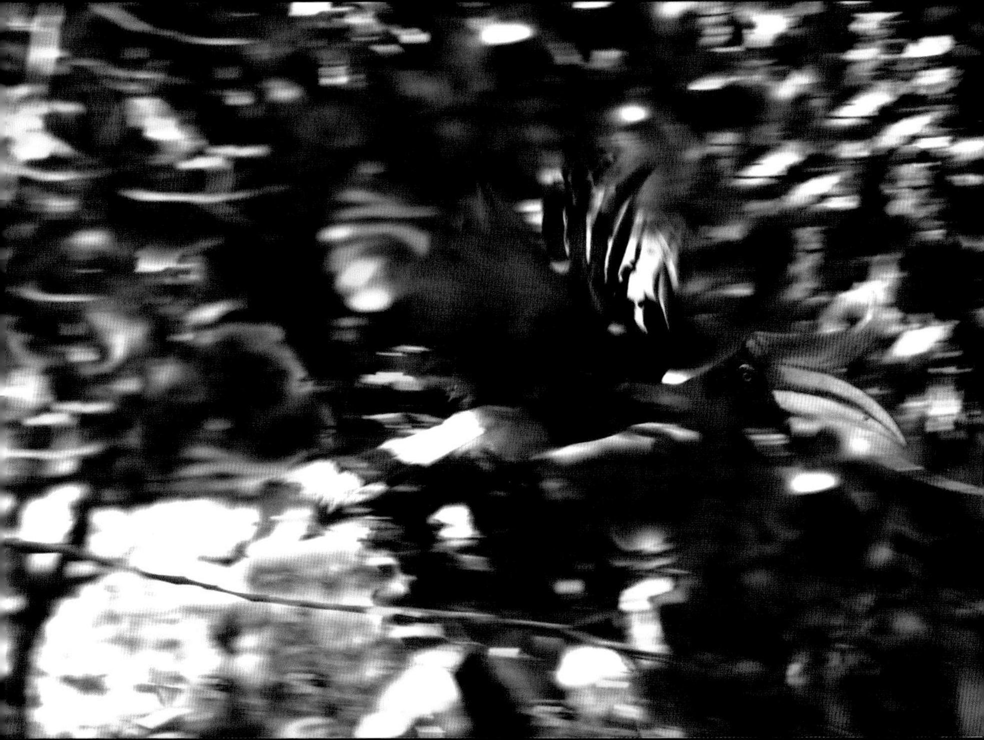

頂著鮮艷紅色頭冠的翹冠犀鳥從頭頂飛過，拍打雙翅所發出的呼呼的振翅聲讓人感到震撼。

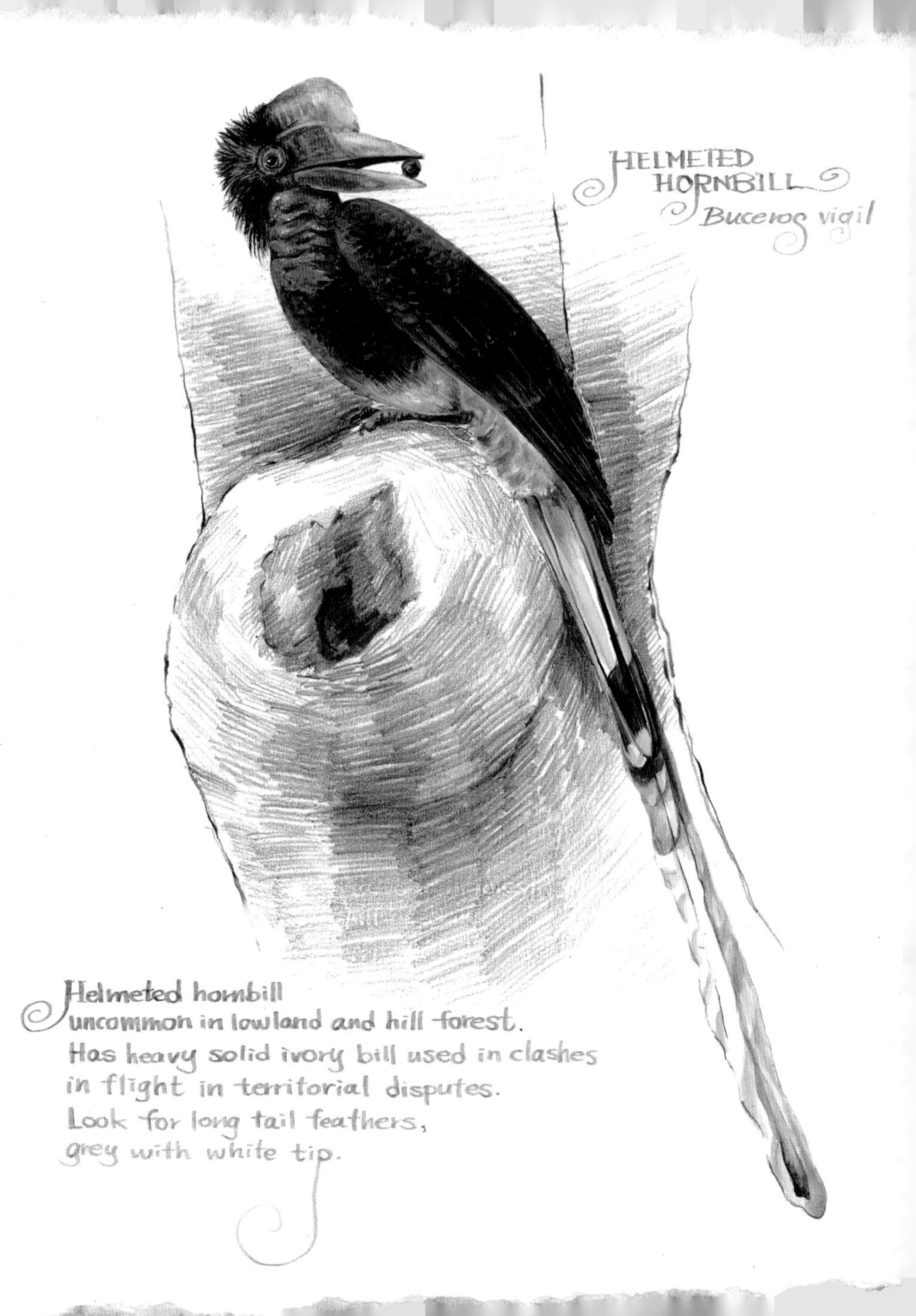
HELMETED HORNBILL
Buceros vigil
Helmeted hornbill
uncommon in lowland and hill forest.
Has heavy solid ivory bill used in clashes
in flight in territorial disputes.
Look for long tail feathers,
grey with white tip.

翅冠犀鳥雖然豔麗，但還稱不上是婆羅洲雨林裡最特殊的犀鳥，鋼盔冠犀鳥(helmeted hornbill) 才是這片森林的王者。牠不但是婆羅洲雨林裡體型最大的犀鳥，而且早在明清時代便從東南亞輸入中國，當時被稱為「鶴頂」(古玩商所稱的鶴頂紅即為此鳥，而另一種傳說中有劇毒的鶴頂紅則是指有紅色頭部的丹頂鶴)，由於鋼盔冠犀鳥頭頂前方的骨骼組織堅硬緻密，質地與色澤均不亞於象牙，因此將鋼盔冠犀鳥頭骨剖下來經過打磨雕琢，可製成鼻煙壺或是雕刻成有動物或山水人物的藝術品，大量引進中國，這個「鶴頂」的美名讓鋼盔冠犀鳥步上瀕臨滅絕命運。

有一次清晨，我在木屋裡正睡的香甜，突然聽到木屋外傳來如同斧頭砍樹的聲響「叩、叩、叩、叩、叩、叩 …」，我雖然被吵醒，卻不以為意，但那聲音越來越大，最後從敲擊的「叩、叩」聲響演變成一段長長「嗚……哇哈哈哈哈哈！」的恐怖笑聲！（CD 曲目：10) 我嚇得從床上一躍而起，窗外昏暗迷濛的天色呈現出詭異的氛圍，睡在隔壁床的揚耀也被我的聲響吵醒，他睡眼惺忪的笑了幾聲說：「這叫做砍死丈母娘！」原來，這詭異怪笑是鋼盔冠犀鳥的起床號，詭異的叫聲也讓婆羅洲的原住民為牠們冠上了 Burung tebang mentua（馬來語），意為「砍死丈母娘」的稱號，叫聲與名字同樣驚悚，至於為何砍的是丈母娘，我就不得而知了！（丈母娘們，不好意思啊！）

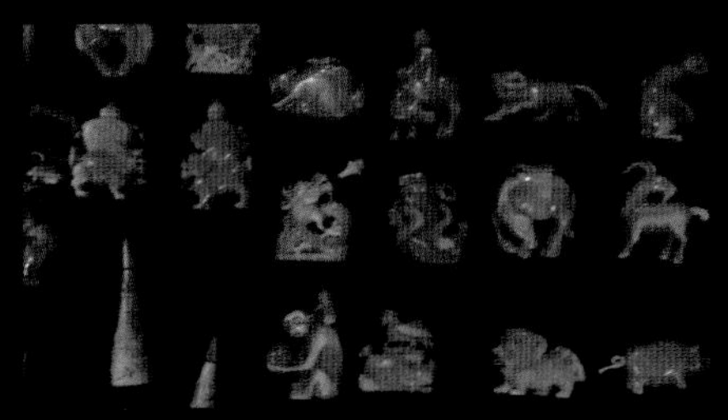

鋼盔冠犀鳥頭頂骨骼剖下來經過打磨雕琢之後可製成藝術品，因此「鶴頂」這個材料被大量引進中國。

巨大的犀鳥雖然身形美麗，但叫聲卻不悅耳，不過我還是覺得牠的叫聲是婆羅洲熱帶雨林中最有代表性的聲音之一；雄鳥低沈的鳴叫伴著雌鳥高亢的鳴叫聲，經過頭冠的共鳴，在起飛前高調的宣告著自己即將凌空而過，但這大都是在清晨或黃昏時刻才能夠聽到的聲音。平時走在森林底層的我們，只能聽到牠鼓動翅膀凌空而過的嘶嘶振翅聲。

除了盔冠犀鳥、鋼盔冠犀鳥，還有皺冠犀鳥和東方花斑犀鳥等有名的犀鳥，婆羅洲一共有 8 種犀鳥，牠們各自喜好的「口味」都不相同，連棲息環境的垂直高度也有所區別。雖然如此，在沙巴的京那巴當岸河 (Kinabatangan River) 河岸，這「八大門派」都曾經在這裡一起亮相，也顯示這裡的環境可以提供各種犀鳥多樣與充足的食物，但時至今日，巨木一棵棵在人類的手上倒下，想要同時看到這 8 種犀鳥亮相，真的比中樂透還困難。

▲ 白冠犀鳥 White-crowned hornbill

▲ 花冠皺盔犀鳥 Wreathed hornbill 左側黃喉囊為雄鳥，右側藍喉囊為雌鳥。

▲ 花冠皺盔犀鳥 Wreathed hornbil

▲ 翹冠犀鳥 Rhinoceros hornbil

▼▲ 冠斑犀鳥 Oriental pied hornbill

犀鳥通常在樹冠層活動，一般獨自或成對出現，但結滿果實的大樹會讓牠們成群聚集，如同紅毛猩猩一樣，牠們似乎也對無花果有著特別的喜好。當高大的無花果樹綴滿果實的時候，就像強力的磁鐵一般吸引著犀鳥們從各地飛來共享盛宴。巨大的鳥喙每次都能輕鬆地摘取一顆無花果，將果實送入嘴中之前，牠們還會俏皮地將果實拋向空中，然後一口吞下，彷彿在表演一場雜耍！一飽口福之後，犀鳥變身為種子的傳播者，是維持雨林生態平衡的重要角色。

犀鳥吃果子的時候會將果子拋向天空再吞食。

講到覓食的行為，犀鳥還有一個特殊的習慣，公犀鳥會把果實暫時儲存在喉部，等到雌鳥飛近身邊時，便將果實吐出餵食，大獻殷勤！這種甜蜜的舉動是犀鳥為了繁衍後代所做的餵食默契練習。犀鳥在繁衍後代時，牠們會尋找合適的樹洞，將巢直接築在洞中，雌犀鳥產卵之後，便直接住在洞中，雄鳥從外銜回泥土敷在樹洞口，雌鳥則吐出黏液摻進泥土中，連同樹枝、草葉等混成黏稠的材料來把樹洞封起來，最後僅留下一個能讓雌鳥伸出嘴尖的小洞。

這宛如「金屋藏嬌」的過程完成之後，才是雄鳥身負重任的開始。在外頭的雄鳥負責尋找食物並透過小洞餵食孵卵的雌鳥，待小鳥孵出後，做父親的更增添了餵養嬌妻與幼子的雙重責任，這辛苦的繁衍方式必須歷時一百天左右的時間，是鳥類世界相當特殊的行為。但比起繁殖過程的艱辛，對婆羅洲犀鳥來說，要找到一棵適合的大樹而且剛好有能夠塞進一隻大鳥的樹洞，才是件難上加難的課題。

公犀鳥把果實暫時儲存在喉部，等到雌鳥飛近身邊再將果實吐出餵食，這是為了讓母鳥建立信任的試煉。

一夫一妻制的犀鳥在開始繁衍育雛之前，會形影不離的建立良好的默契與信任，為特殊的繁殖方式做準備。

有些人把中南美洲的巨嘴鳥 (toucan) 誤認為犀鳥，尤其是一些描述熱帶雨林的影片，常發生婆羅洲的紅毛猩猩與巨嘴鳥同台演出的荒謬情景！其實，巨嘴鳥是不會到婆羅洲的，雖然巨嘴鳥與犀鳥都生長於熱帶雨林，也有類似的樹洞築巢繁殖習性，但兩者並不同科，也沒親緣關係。就像華萊士主張的生態地理學，這是因為地理阻隔造成各個大陸自己發展出生態地位相等、樣貌與身體機能相似的生物！所以不要再把這不同區域的兩種混為一談了！

犀鳥在婆羅洲有著特殊的地位，不但被選為州鳥，當地伊班族 (Iban) 原住民把犀鳥當作驍勇善戰的戰神，族裡的勇士都要學會跳「犀鳥舞」，在他們居住的古老長屋裡，還保留著以犀鳥形象為主體的雕像，他們認為犀鳥守護神能保佑伊班戰士出草獵人頭時驍勇善戰！

而每當我聽著伊班犀鳥舞的鑼鼓聲響起，都會想到婆羅洲犀鳥面臨家園破滅的艱困的處境，雖然貴為「守護神」，但牠們能否像戰士一樣英勇出征，為自己生存而戰呢？

婆羅洲原住民長屋內所懸吊的犀鳥守護神雕像。

伊班族原住民把犀鳥當作驍勇善戰的戰神，族裡的勇士在出征前跳「犀鳥舞」祈福。

中南美洲的巨嘴鳥（下）常被當成為婆羅洲的犀鳥（上）
雖然巨嘴鳥與犀鳥都生長在不同的熱帶雨林，但兩者並不同科，也沒親緣關係。

Chapter 4 Birds Of The Rainforest

叢林舞者

PHEASANTS

到婆羅洲伊班族原住民的長屋裡作客，看著男長老跳著傳統的犀鳥舞歡迎我們，一陣充滿力與美的舞蹈之後，伴奏的鑼鼓聲未歇，一位婦女漫步出場，手掌不斷的輕柔旋轉，我問了好友揚耀這個表演的是什麼象徵，「雉雞，她模倣的是雉雞求偶的舞步」，雉雞？我狐疑了一會，追著問「是哪種雉雞會跳這種舞？」他指指男長老帽子上裝飾的羽毛，回答我「Argus」！仔細觀察那根約 90 公分長的大羽毛，上頭有著一整排將近 20 個像似眼睛的紋路讓我驚艷，這是我從未見過的美麗羽毛！第二天清晨，他帶著我到後山一條山徑上，那個區域大約直徑五公尺，看起來好像被人清掃過一樣，十分平坦：「這應該是 Argus 雉雞的表演舞台！牠會帶母雉雞到這裡，然後跳舞給牠看，跳舞的時候還會張開飛羽展示牠羽毛上的美麗花紋」他說。這種大型雉雞叫做 Great Argus，頭部到尾端長約 150 公分，原來牠是我們所說的「青鸞」，而青鸞就是傳說中國古代所稱的「鳳凰」，在『山海經』裡所描述的「有鳥焉，其狀如雞，五采而文，名曰鳳凰」就是 Argus 雉雞。

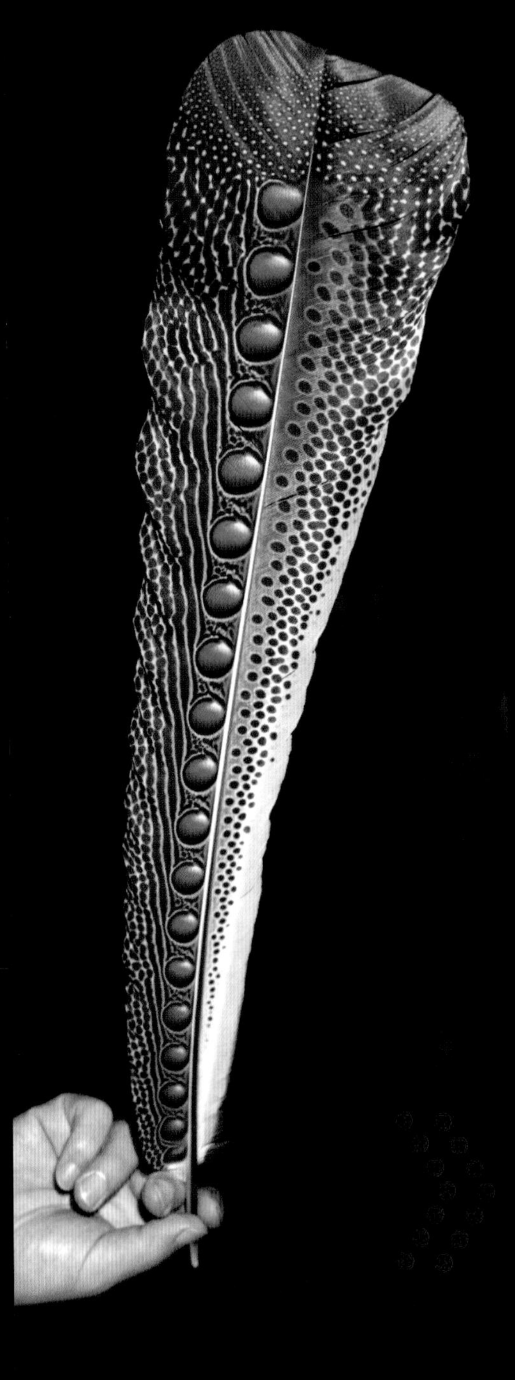

原來，傳說中的鳳凰就住婆羅洲熱帶雨林裡！在原始森林裡行走，常有機會聽到牠的叫聲。由於牠的警覺性高，雖然體型大，但是動作卻又輕盈，總是悄悄在森林裡現身，每次遇見牠總是匆匆的驚鴻一瞥，我常為此氣的跳腳！

這讓我想到友人曾告訴我的馬來俗諺：「bagai kuang memekek di-puchok gunung」，意思是說「山上的遙遠雉雞鳴叫聲，就像一個充滿愛意的人，迫不及待的想到心愛的人，就像是無可救藥的渴望！」說的明白一些，就是告訴我說：「別傻啦！」

我朋友段世同的經歷就讓人稱羨，他在天還未亮的清晨就輕裝上山健行，走到步道中段，他發現雲霧林間 Argus 的身影，Argus 也察覺有異，雙方都靜止不動，這時他便慢慢的蹲下觀察。接著，有趣的事發生了，Argus 雉雞將自己的頭藏在樹幹後頭，一動也不動，就這樣兩者僵持了快半個小時，直到 Argus 雉雞鬆懈心防，走出樹幹覓食，段兄才悄悄拿出口袋裡的傻瓜相機，按下了幾張絕世之作！從他拍攝的照片看起來，把頭藏在樹幹後的 Argus 雉雞身體與森林底層的板根似乎化為一體，側邊的深色羽毛像極了板根的陰影部份，不注意看，真的會忽略牠的存在！這些照片不但讓我羨慕不已，還讓我見識到 Argus 雉雞的特殊偽裝術，實在讓人嘖嘖稱奇！

左圖：Argus 雉雞的飛羽非常長而美麗，上頭有著一排將近二十個好似眼睛的圓形斑紋。

右頁圖：仔細看一下，Argus 雉雞身上的羽毛斑紋是不是快讓牠跟環境合為一體了。（段世同攝）

Great Argus 雉雞會在森林裡找一個表演舞台，
並帶母雉雞到這跳舞給牠看，跳舞時會張開飛羽展示牠羽毛上的美麗花紋來求偶。

長老帽子上裝飾著 Argus 雉雞的長長飛羽。

雄 Argus 雉雞的頭部與雌鳥不同，黑色冠羽毛髮較短。

伊班族女孩跳著雉雞舞，頭上戴著閃亮的頭罐裝飾，與沒有長尾羽的雌 Argus 雉雞的頭部的羽毛造型十分相似。

我在婆羅洲追蹤過的另一種雉雞是鳳冠火背鷴（又稱婆羅洲赤腰鷴 crested fireback)，第一次看到牠時，午後斜陽把雄鳥的尾羽照耀得如黃金般閃亮，我躲在樹後頭欣賞牠的英姿，每按一次快門，正在覓食的牠就抬起那好似帶著藍色面罩的頭部觀察著何處發出的怪聲，而我就跟著牠慢慢的移動，牠帶著雌鳥穿越一片灌叢到了河床上，鑽不過去的我只能眼巴巴的在這頭偷拍著牠們悠哉的河畔漫步，不一會，兩隻頭尾將近 70 公分的大雉雞就消失在河岸邊。

就這樣，連續兩天，每次跟蹤牠們到河邊，就跟丟了！直到第三天，我換了一個角度觀察牠們，發現大雉雞到了河邊的一個轉角，便展翅飛向 20 公尺遠的對岸樹林中！我才突然想起「對喔，雉雞也是會飛的啊！」那晚，我就與一群伙伴到對岸去尋找牠們的蹤跡，搜尋了好一陣子，最後在將近 4 公尺高的樹上，發現了正在睡覺的大雉雞！

這些年在雨林裡我總是幻想著，如果有一天，能在森林裡遇見公的 Argus 雉雞，而牠正在跳著牠的求愛之舞，那該有多好！每次說出這個想法，朋友都笑我說：「你變成一隻母的 Argus 雉雞，願望就會比較快實現！」其實，在叢林裡想要遇到雉雞，實在非常困難，要花費相當多的時間與耐心去等待，因為牠們是害羞一族，只要有稍微奇怪的風吹草動，都會馬上隱身起來。如果還有這樣的機會，為了那曼妙奇異的舞姿，我仍願意花時間等待！

如黃金般閃亮的尾羽是鳳冠火背鷴雄鳥的特徵。

鳳冠火背鷴十分機警，一有風吹草動，立刻奔跑入林。

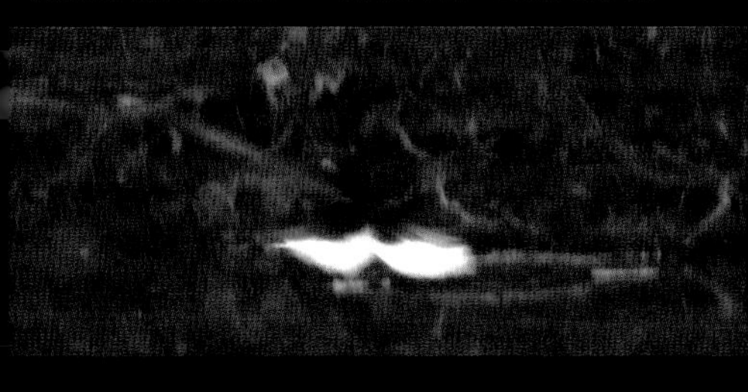

雖然鳳冠火背鷴體型比雞大一些，但飛行能力一點都不遜色。

在夜晚鳳冠火背鷴會飛到樹上睡覺。

Chapter 4 Birds Of The Rainforest

雨林精靈

BIRDS

只要你有機會造訪婆羅洲，無論你身處海邊、高山、河流、森林，每天早上都一定會在群鳥鳴叫的晨歌中醒來。婆羅洲擁有相當豐富的鳥類資源，不要說總體鳥類的數量，光是知名的鳥類就多到講不完！

中南美洲的熱帶雨林裡有蜂鳥飛行採蜜，婆羅洲也有許多身形與蜂鳥相似的太陽鳥 (sunbird) 棲息在此。

有著長長嘴巴的太陽鳥也是雨林裡的採花使者，體型嬌小的太明克氏太陽鳥 (*Aethopyga temminckii*) 是我見過色彩最豔麗的太陽鳥，一身鮮紅色的裝扮，搭配臉龐兩道藍紫色晶亮的線條，實在美麗極了！我決定非拍到牠不可，但美麗的牠卻搞得我精疲力盡，還險些中暑，大熱天扛著十多公斤的器材在悶熱雨林裡狂奔，真的非常吃力，重點是，這個美麗的小傢伙，只有 10 公分大！要在枝葉茂密、盤根錯節的熱帶雨林裡尋找鳥蹤，還要適應濕熱的環境，真要有超強的耐心與毅力才行，當然，還要忍受蚊蟲叮咬，因為搔癢會害你的手顫抖，拍出失焦的照片！

在台灣引起相當大關注的夏候鳥——八色鳥 (仙八色鶇，*Pitta nympha*) 主要就分布在婆羅洲，被國際列為東亞地區稀有瀕危鳥類的牠們，只有在每年的夏季飛越海峽北遷到台灣避暑，並繁殖下一代。記得第一次在婆羅洲雨林裡遇見牠，真是一次特別的經驗，因為有伙伴看到一隻鳥「肚子好像在流血」，所有人立即聞聲搜尋，不一會，我見到了這個腹部紅色、穿著綠衣好似蒙面俠的八色鳥，雖然在台灣，我也曾經拍過牠的繁殖，但與這位我們熟知的鳥類「明星」，在牠的雨林故鄉相逢，還是感到格外興奮！

八色鳥在台灣避暑而在婆羅洲度冬。

紅色的太明克氏太陽鳥下頷有兩道藍紫色的線條，

到處吸食花蜜的太陽鳥，彎彎的吻端十分細長。

在雨林夜間觀察時常可以看到樹上有小鳥把頭藏在翅膀下，成一個蓬鬆的毛球狀在睡覺，除了保暖也是保命妙招。

另外一種在婆羅洲叫聲與體態都十分優美的鳥類——白腰鵲鴝 (*Copsychus malabaricus*)，讓我為了拍牠而全身發癢！有著長尾巴的牠常出現在森林底層較幽暗的樹叢中，因為要拍攝牠，我躲在密林裡，也讓我捐了不少血給蚊子！不過誰也沒想到，辛苦拍攝的白腰鵲鴝，這幾年會在台灣聲名大噪！不過不像八色鳥那樣受到關愛，白腰鵲鴝成了台灣鳥類的全民公敵！因為人們從東南亞不當的進口養殖，過程中造成逃逸，領域性極強的牠們在台灣已經有繁殖紀錄，因此也成為被通緝的入侵外來種鳥類！因為人類的私心，把牠們帶離雨林家園，還讓這些生物蒙上不白之冤！真希望大家能夠不再飼養鳥類，讓這群美麗的雨林精靈可以快樂的生活在自己的家園！（CD 曲目：11、12、13）

鵲鴝（上）與白腰鵲鴝（下）都原生於婆羅洲。

金枕擬啄木 Golden-naped Barbet

小藍鶲 Pygmy blue flycatcher

黃臀鵯 Yellow-Vented Bulbul

栗頭噪鶥 Chestnut-Hooded Laughingthrush

紅冠擬啄木 Read-Crowned Barbet

和平鳥 Asia Fairy-Bluebird

大綠葉鵯 Greater Green Leafbird
黑色與綠色的體色將自己隱身在綠葉之間。

Chapter 4 Birds Of The Rainforest

燕兒要回家

SWIFTLET AND NEST SOUP

每次在農曆春節前後到婆羅洲砂勞越首府的古晉市，都會看見成千上萬的家燕在此度冬，尤其是夜晚的街道上，燕子停棲在電線、屋簷以及南洋風格的窗框上歇息，每次看到牠們，都覺得備感親切，因為在這裡度冬的牠們有些是跟我們一樣都來自台灣，我們是乘著飛機飛行五六個小時來到這熱帶的國度，而身長才 17 公分的家燕卻是用牠的小小翅膀飛行數千公里，遠渡重洋而來，每次想到這些，對牠們都是充滿敬意！

家燕只是這片熱帶雨林的過客，婆羅洲的金絲燕才是讓全球華人們關注的對象，不是因為牠們的模樣特殊，而是為了牠們築的「燕窩」。金絲燕分布於東南亞地區，為了躲避天敵，會將巢築於離地數十甚至上百公尺的岩洞頂部，繁殖期間雄金絲燕的唾腺會分泌出膠狀的物質，似絲線般黏接成半碗形，黏附在岩壁上作為產卵的巢。我想多瞭解燕窩的種種，幾年前曾與朋友到著名的燕窩產地 Gomanton 燕洞採訪，黑黑的岩洞內，傳出陣陣燕子與蝙蝠糞便的酸臭味，二十幾個工人抬著藤製的器材準備採收山洞頂端的燕窩，昏暗的氣氛下，有種說不出的詭異氛圍；看著工人踩著用竹子、藤蔓和麻繩搭成的繩梯徒手攀爬到洞頂採集燕窩，我看著那些僅著一條短褲的工人爬上爬下，猶如特技表演，也替他們提心弔膽，因為在這裡，採燕工人失足摔死，時有所聞。

在洞口監工的是工人口中的老闆，他告訴我說：「現在採燕窩都是環保採燕，對生態很好的！」他所說的環保採燕，就是官方會派人觀察燕子離巢的時間，如果有七八成燕子已經離巢，他們就會獲得許可證進入山洞採集燕窩！我還來不及問他還沒離巢的燕子怎麼處理，老闆就匆匆走入洞裡。

我一邊走一邊回想前幾天販售燕窩的店員告訴我的話：「吃燕窩不會破壞生態的，因為我們會等燕子巢用完後離開再採。燕子若要再下蛋，會再築一個全新的巢，而此時舊燕窩就會被遺棄，而且會慢慢腐化，這些燕窩會污染洞穴，而且發出臭味，燕子便不會再到這些受到污染的洞穴繁殖。所以，如果在幼燕離巢後摘取這些燕窩，不但可以幫忙燕子不用再到處尋找其他洞穴，還達到環境保育的功用。」心中五味雜陳，因為我注意到黑壓壓的步道底下，除了蝙蝠與燕子糞便，還零星散落著小燕子的遺體！在人類沒有採摘燕窩之前，燕子不是活的好好的，哪需要人類的幫忙？我心中不斷迴響著這個想法。

當我走出洞外，「叔叔你看！」同行的小女生小芸手捧著一隻雛鳥來找我，那是一隻羽翼未豐的金絲燕，灰色的雛鳥在小芸手中張著大大的眼睛看著我們，小芸不捨的嚷著「怎麼辦？我要把牠送回家！」聽到這句話，眼淚忍不住奪眶而出。

燕子不是部隊，牠無法像人類一樣一個口令一個動作，離巢時辰怎麼可能由人們來定奪？而商人為怕高價的燕窩遭到其他人盜採，要趕在拿到許可證後幾天採收完畢。為滿足個人口慾，鳥兒何其不幸？而人類卻以生命相抵，挺而走險的賣命採集。這樣的燕窩珍饈，您能輕鬆食之？

工人在高聳的岩洞中攀爬繩索，到洞的最頂端挖取燕窩，過程非常驚險。上圖這一小盒燕窩要賣六千多新台幣，有利可圖之下，難怪商人願意鋌而走險了。

看著小芸手中的小金絲燕，想到牠再也無法平安長大，我也忍不住熱淚熱淚盈眶。其實，除了洞穴採燕窩，東南亞目前還風行一種「燕子公寓」，就是蓋一間房子吸引燕子在裡頭築巢，除了可以讓燕子有更多的棲息地以外，商人也不用因為怕其他人盜採，而不管有沒有燕子離巢全部一次搶收，這倒是一個對燕子與商人來說都有好處的方法，但其功效就要時間來驗證了！希望這個發明能穩定而成功，這樣，熱帶雨林裡的金絲燕就不用擔心找不到自己的家了！

Chapter 5

奇花異草

SINGULAR PLANTS TO THE RAINFOREST

如果你問我走在婆羅洲雨林裡的感覺，我會告訴你：「暗潮洶湧」！

各種植物的奇特景象，走進雨林的人終身難忘。

Chapter 5 singular plants to the rainforest

絕命特務

STRUGGLE FOR EXISTENCE

如果你問我，行走在婆羅洲雨林裡的感覺，我會告訴你四個字：「暗潮洶湧」！

藤蔓、纏勒榕、巨大板根等奇特景象，讓第一次走進雨林的人，終身難忘。熱帶雨林的植物雖然不會說話，但是你爭我奪的戲碼，在這個熱帶叢林裡，從來沒有停止過。植物各懷鬼胎，發展出各式各樣的形態以利生存。藤蔓就是藉著高超的攀爬技巧，沿著大樹樹幹爬上枝頭，為的是爭取頂上的陽光，進行光合作用，所以在這裡，你會看見森林裡到處掛滿藤蔓，那景象好似都市街頭雜亂無章的第四台天線！有些粗大的藤蔓橫在地面上，好似叢林巨蟒，模樣有些嚇人！爬滿森林的藤蔓也是許多動物的空中走道，如果沒有它，電影裡的「泰山」也無法在樹梢穿梭自如！

比起藤蔓的攀爬技術，桑科榕屬植物的纏勒方式更是高超，它們的榕果是許多雨林生物賴以為生的重要食物，因此許多動物例如鳥類、猿猴吃了它的果實，種子更隨著這些在樹上移動的動物在樹冠層排便時，搭便車登上了大樹，並在樹冠上發芽，沿著被寄生的大樹樹幹向下伸出長長的根系固定自己，它們的生長速度極快，根系也沿著寄主的樹幹一路下到了地面，從泥土中汲取養分。這時，它們在樹梢上的小苗已經有大樹的態勢，不斷往上增長，並與寄主樹共享陽光。其實這看似和諧的景象，根本是謀殺的開始！桑科榕屬的植物一開始就用它細小的枝條纏繞著寄主的樹幹，隨著時間演變，植物體長大到一定程度後，寄主的大樹被越來越粗壯的枝條纏勒，直到最後吸收不到陽光與養分而死亡，這時這棵處心積慮的榕屬植物就篡立成功了！這種踩著別人頭頂往上爬的現象在這片雨林裡，正天天上演著。

等到被桑科榕屬植物纏繞的宿主大樹死亡時，榕樹很快就取代原來大樹在雨林裡的位置。

熱帶雨林到處佈滿了大小的各種藤蔓，藤類植物藉由攀爬其他的大樹，取得樹冠上的陽光。

等待宿主被饞勒死亡，榕樹也長成大樹，高聳樹冠也露出外露層。不過，這棵大樹卻在 2007 年遭到雷擊而斷成兩半，正所謂「樹大招風」植物間的競爭真是暗潮洶湧。

藤蔓與纏勒榕用盡心機在「搏」陽光、「搏」生存，婆羅洲熱帶雨林的真正主角龍腦香科（Dipterocarpoideae）樹種，卻是用長高和飛行的種子來取勝。它的名字 Dipterocarpoideae 意為長有雙翅的果實，可以長到 80 公尺以上，是組成婆羅洲熱帶雨林重要的樹種。龍腦香的樹幹高聳筆直，樹冠濃密，因此在婆羅洲搭飛機向下俯看原始森林時，可見到它那猶如花椰菜般的樹型。由於它比其他的樹木都來得高，因此在樹幹的基部發展出巨大的板根，讓它們可以穩固的屹立在地面，不至於倒塌。龍腦香科樹木因為具有半透明結晶狀的芳香樹脂而得名，這種樹脂自古被拿來做為藥用、薰香以及造木船時的膠著劑，同時也可保護本身的嫩葉，不讓雨林的哺乳動物如紅毛猩猩、飛鼯猴、葉猴啃食的有效招數。

龍腦香樹最讓我感興趣的是它的「飛天種子」，它們的種子都長有長長的「翅膀」，外觀看起來很像毽子，翅膀因種類而不同，由 2 片到 5 片都有，包含翅膀，它的整個種子外觀大小有的可達 30 公分左右，十分巨大，因此還有當地原住民採集大型的龍腦香種子來搾油。

種子長出翅膀一切都是為了靠「飛行」延續種族生命，龍腦香的種子從樹上落下時，會不斷的旋轉，模樣非常漂亮。龍腦香為了飛越山川與海洋，翅果的承載力以及飛行能力都遠超乎我們的想像！我曾見過一種當地人稱 gading（意即翅果）的種子，讓我念念不忘，因為它除了長長的翅膀，還發展出側邊突起的中空構造，造型十分優美，我好奇的測試它飛行的方式，除了正常的旋轉落下，遇到側風時，側邊突起的中空構造還能使它平行移動，這樣的設計可能都比人類的工業設計還來得先進，見識到上天如此精良的設計，我這設計師可是甘拜下風，佩服之至！

攀藤、纏勒、謀殺、飛行等種種不可思議的奇特生態，雨林植物各個都化身成絕命特務，各懷鬼胎的執行著生存的艱鉅任務！看到這裡，你應該瞭解我為何用「暗潮洶湧」來形容這片熱帶雨林了吧！

婆羅洲熱帶雨林由龍腦香科樹種構成了一個美麗的原始森林。

被稱為加汀的翅果不但能垂直旋轉，還能側邊平移的飛行。

有些翅果體積相當大，好像一個大毽子。

龍腦香樹種類眾多，約5到7年才開一次花結一次果，樹木結果時滿樹紅色翅果，讓整片綠色雨林增色不少。

巨大板根是雨林裡常見的風景。

singular plants to the rainforest

樹幹生花

CAULIFLORY

2006年的夏天，我一如往常的和幾個伙伴進入雨林中尋找大王花，搜尋整個區域只找到零星的花苞，又熱又累的一行人正準備休息之際，看到前方的樹林裡成堆的樹木之中，有一個樹幹是紅色的，我以為自己眼花，急忙穿過林子察看，才發現那是一根開滿紅花的樹幹！

眼前的景象讓我驚訝不已，這個樹幹從上到下好像被人刻意的插上一朵朵鮮紅的花，在這片綠色叢林中顯得突兀又詭異！我們所知道的植物開花都是從樹枝前端長出花序，在熱帶雨林裡，這部份可能就顛覆我們的思考邏輯！在婆羅洲的低地雨林裡還是有在枝端開花的樹種，但通常它們都是長得又高又大的樹，因為沒有其他樹木的遮蔽，因此可以在高空開滿整樹的花朵，吸引動物與昆蟲來幫它授粉。但有些樹木長不了這麼高，搶不到制空權，因此就發展出另一種開花形態—從樹幹上直接開出花來，這種開花方式就是所謂的「幹生花」，長在樹幹上的花朵可以吸引更多生物幫忙授粉，當然這一類的樹木，結的果也是直接從樹幹長出來的「幹生果」，像榴槤、波羅蜜等著名的熱帶水果，都是這一類的結果方式，樹幹上的果實就成為動物的食物，對植物而言，也達到了傳播種子的目的！

一朵朵鮮紅的花從樹幹上長出來，把樹幹環繞成紅色。

從樹幹上直接開花的幹生花，樹幹上的花朵比較低，可以吸引更多生物幫忙授粉，是熱帶雨林的另一個特殊現象。

這一類的樹木，結果也是「幹生果」，像榴槤就是。有些果實就成為動物的食物，常可看見猴群在樹幹上大快朵頤！

Chapter 5 singular plants to the rainforest

甜蜜陷阱

PITCHER PLANTS

在婆羅洲這片神奇的土地上，似乎沒有什麼事是不可能發生的。森林裡的「小瓶子」，也是多年來讓我百看不厭的植物之一，這個神奇的小瓶子就是我們熟知的食蟲植物—豬籠草，豬籠草是華人幫它取的稱號，我比較喜歡當地土著給它的名字「猴子杯」，據傳旱季雨水減少時，猴子會喝瓶子裡的水來解渴！我倒是沒見過這情景，但光想就覺得十分有趣。婆羅洲的豬籠草種類不少，最小的捕蟲瓶大約只有 2 公分，最大的則有一個足球大；有些種豬籠草甚至在馬路邊就可以見到，有些卻是生長在懸崖峭壁上，雖然不同種類的生長條件差異很大，但它們生長的地方都有一種相同的特徵，即土地十分貧瘠。

豬籠草有著跟其它植物不一樣的外觀，因為土地的養分不足，豬籠草的根部在土壤裡無法吸收到養分，只有固定植株和吸收水分的作用，因此葉子尖端便特化出瓶子狀的容器，吸收養分的工作就交給這個特殊的捕蟲瓶來完成。

小瓶子豬籠草 *(Nepenthes ampullaria)*

由葉子特化的捕蟲瓶，依種類不同、生長的地方不同，而有不同的外觀，每個瓶子裡都裝有植物體分泌的消化液，捕蟲瓶的腺體會分泌糖蜜吸引饑腸轆轆的昆蟲進入瓶中，滑溜的瓶壁是讓昆蟲落水的推手，待昆蟲溺斃之後，猶如電影裡頭恐怖的「溶屍」情節就此發生了，消化液會將昆蟲的屍體溶解，溶解之後的養分再藉由瓶壁來吸收，供植物體生長！

植物吃蟲的情節光是讓人想像就非常驚悚！但老天爺巧妙的設計不止於此。為了避免雨水灌流入瓶中，稀釋消化液，每個瓶子上方都有一個半掩的蓋子用來阻擋雨水，真是考慮周到！

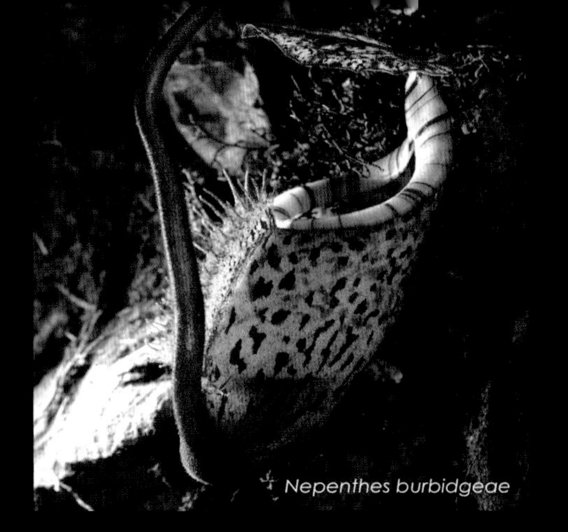

透過光線可以隱約看到瓶子裡的消化液。

因為土地的養分不足，豬籠草的根部在土壤裡無法吸收到養分，因此葉子尖端便特化出瓶子狀的容器。

豬籠草瓶子裡捕獲各式各樣蟲子；一旦瓶子之中的消化液被雨水稀釋，孑孓便開始在瓶子裡生活，而瓶子也無法捕蟲了

但也不是每一種豬籠草的瓶子都適合捕蟲，像是生長在北婆羅洲神山上的羅氏豬籠草 (*Nepenthes lowii*)，就因為它的瓶蓋與瓶身展開角度極大，不像具有阻擋雨水的功能，又因為生長在高海拔森林，它的食物來源—昆蟲十分稀少，因此瓶子的功用就引起科學家的好奇，調查後發現，原來這高山上的瓶子並不是捕蟲用的，而是「廁所」！研究人員在瓶子裡發現許多動物的排泄物，進而發現它的瓶蓋上會分泌一種糖蜜，這糖蜜不但很難取食，位置也十分特別，讓前來舔食的樹鼩必須像人類坐馬桶一樣，坐在瓶子上方，當樹鼩長時間舔食糖蜜，想排泄時，排泄物自然落入瓶子之中，而豬籠草也順利的取得了它想要的養分！

用「生命自然會找到出路」這句話來看豬籠草再恰當也不過了！豬籠草在逆境中演化出來的求生方式，真的讓人不得不感嘆老天造物的奧妙！

二齒豬籠草（*N. bicalcarata*) 會分泌蜜液吸引昆蟲。

二齒豬籠草用瓶蓋下方像毒蛇牙齒的器官來分泌蜜液。

萊佛氏豬籠草 (*N. rafflesiana*) 的蜜腺吸引螞蟻前來。

羅氏豬籠草（*Nepenthes lowii*）瓶蓋上會分泌一種糖蜜，
這糖蜜不但很難取食，位置也十分特別，讓前來舔食的樹鼩必須坐在瓶子上方長時間舔食糖蜜，
想排泄時，排泄物自然落入瓶子之中，

▲ 萊佛氏豬籠草 *(N. rafflesiana)* 樹上型捕蟲瓶。 ▼ 萊佛豬籠草地上型捕蟲瓶。 ▲ 白環豬籠草。*(N. albomarginata)*

▲ 兩眼豬籠草 *(N. reinwardtiana)* ▲ 小瓶子豬籠草 *(N. ampullaria)* ▼▲ 大王豬籠草 *(N. rajah)* 有世界最大捕蟲瓶。

chapter 5 singular plants to the rainforest

雨林大王花

RAFFLESIA

「大王花，又稱為屍花，是世界上最大的花。」還沒來到婆羅洲之前就看過這樣的報導，讓我對這種傳說中的植物好奇不已。為了尋找這種熱帶雨林裡的大花，每次都得跋山涉水，但要正好遇到它的開花時間，除了要有在濕熱雨林裡跋涉的耐力，也要有些運氣，十多年的造訪，我只見過三次盛開的花朵，想要在雨林中一睹大王花開花的風采，真是可遇而不可求。

大王花在分類上自成 Rafflesiaceae 一科，屬於寄生性植物。擁有植物世界中最大花朵的它們非常奇特，全身上下除了花朵之外，只有部份組織分布在寄主植物崖爬藤 (*Tetrastigma*) 這種蔓藤植物體內。它們沒有根、莖和葉片等構造，只有絲狀組織在寄主身上吸取所需的養份。

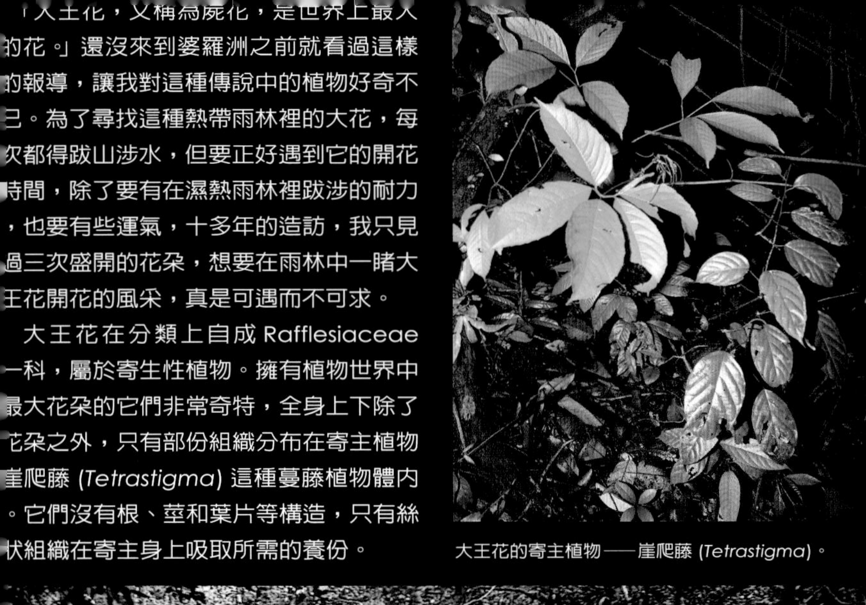

大王花的寄主植物——崖爬藤 (*Tetrastigma*)。

Rafflesia tuan-mudae 這種大王花生長在充滿巨石的山林中，造訪大花神殿必須要跋山涉水才可到達。

生長在巨岩旁邊約 30 天左右的花苞 ▶▶▶

約 45 天的花苞 ▶▶

約 180 天左右的花苞 ▶▶▶

約 240 天的左右的花苞 ▶▶

約 300 天左右即將開花的花苞 ▶▶▶

經過大約 300 天左右 *Rafflesia tuan-mudae* 大王花終於盛開。

大王花的中心的盤狀體，子房就藏在盤狀體的下方。

大王花會散發出腐臭味，吸引蒼蠅上門幫忙受粉。

▼▲ 沙巴神山的 *Rafflesia keithii* 大王花也吸引大群蒼蠅。

大王花從產生花苞到盛開，像母親懷孕一樣，必須經歷大約十個月左右的生長期才能開花。雖然我並不是每次都能見到盛開的大王花，在保護區裡卻可以看到各個時期的大小花苞，散落在有著巨石群布的雨林祕境之中。大王花的花朵直徑可達將近一公尺，不但巨大，構造也十分獨特，和其它植物的花朵全然不同。花朵上方有 5 片花瓣狀鮮紅色的萼片圍繞著中央凹陷的盤狀體，雄花的花藥和雌花的子房位於盤狀體的內側，不過從外觀是無法分辨雌雄花的。雌雄異花的大王花，雄花與雌花勢必要同時開花，才能完成授粉。

用「屍花」來形容大王花，乍聽之下讓人感到毛骨悚然，也引起許多遐想，我第一次見到剛盛開的大王花，急著大吸一口氣，空氣裡僅有淡淡的腐爛氣味，讓我有些失望！這與書上誇張的描述實在有些差異，非親鼻所聞，無法瞭解！

仔細觀察大王花，它的花朵中心盤狀體上有著錐狀突起，科學家推測可能與集中熱能有關，用以加強花朵散發出腐肉的味道，吸引腐生性的蠅類來幫忙授粉。而種子的傳播，則是依靠樹鼩、松鼠這類的囓齒動物啃食大王花的子房後，種子附著在牙齒上，待囓齒動物啃咬崖爬藤，大王花的種子應該就這樣附生在藤蔓上。不過這都是推論，至今仍然對這些神秘的雨林植物所知不多，仍有許多謎團尚待解開。

當地馬來人或華人的傳統醫藥也會採集大王花的花苞做為藥材，但目前最大的生存威脅還是來自於雨林的伐木以及焚燒林地的農耕方式，讓數量不多的大王花更是亟亟可危。像是謎般植物的大王花是無法人工栽培也無法移植，唯有保存它的棲息地，即長滿崖爬藤的熱帶雨林，才能這神奇的大王花繼續生存下去！

大王花僅能盛開一週，一週後會開始發黑腐敗。

Chapter 5 singular plants to the rainforest

蘭花天堂

ORCHIDS OF BORNEO

蘭花因為高雅的外形和鮮明的色彩，讓許多人為它深深著迷。世界上有超過25000種以上的蘭花，僅僅在婆羅洲這個區域，目前調查出的蘭花種類就約3000種左右，其中30%是婆羅洲特有種，由此可知蘭花在婆羅洲的密集程度。然而，這僅僅只是大約三分之一的發現紀錄，還沒發現的還不知有多少呢！

我的好友野生蘭專家林維明曾經與我多次到婆羅洲尋找蘭花，經驗豐富的他，常常沒走幾步路，就發現一種蘭花，東看西看，讓有眼不識蘭花的我，跟著他看得頭昏眼花，因為無論草地上、樹上、岩壁等，所有地方幾乎都佈滿了蘭花，應該說，這片雨林是一個被蘭花包圍的世界！

蘭花的適應能力非常好，除了終年結冰的地方以外，各種環境都能見到它們的身影，而最適合蘭花生長的地區非熱帶雨林莫屬，因此這裡孕育了多樣的蘭科植物。根據研究，婆羅洲蘭花種類的多樣化，其中主要是來自於東南亞最高峰——神山(Mount Kinabalu)的影響。

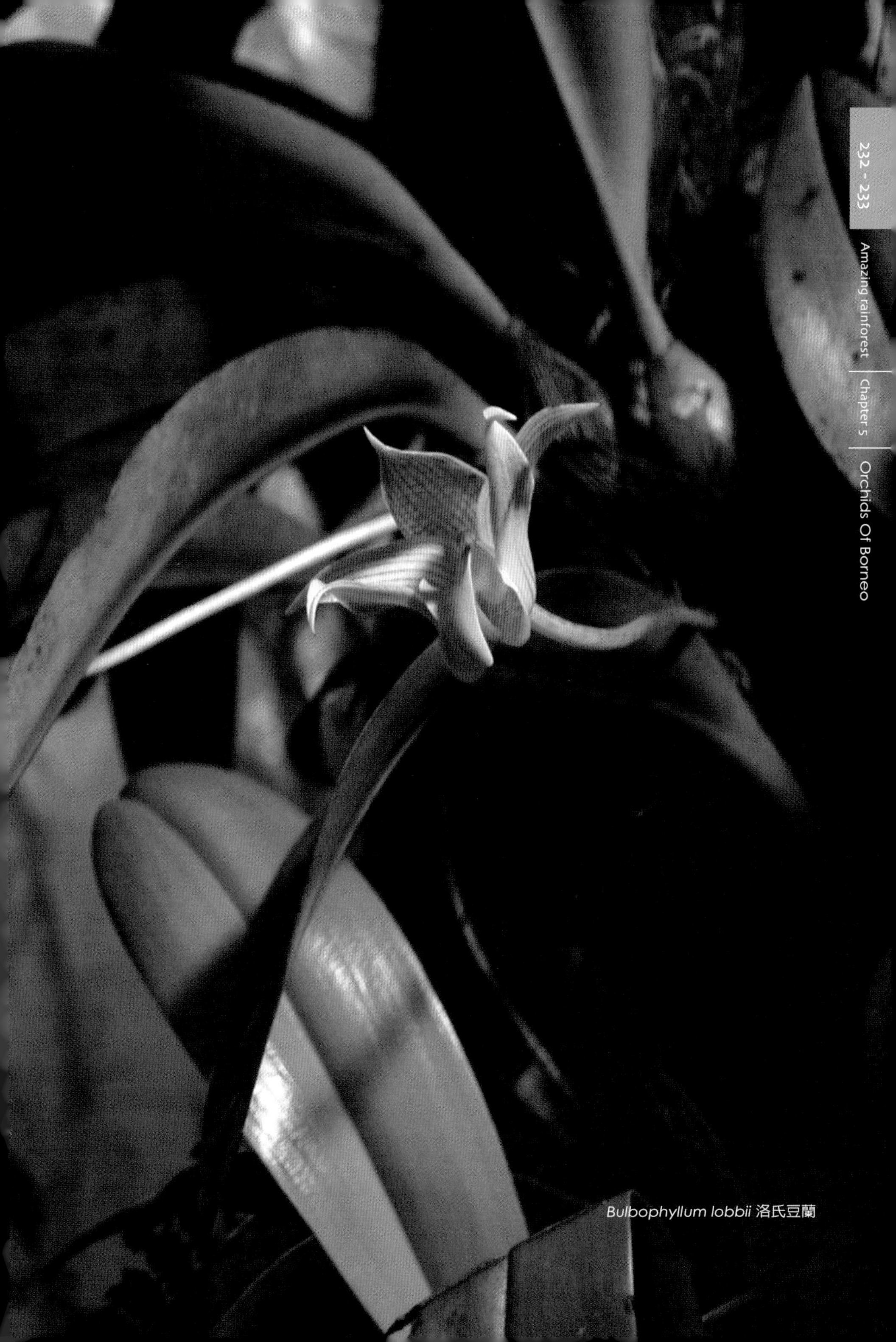

Bulbophyllum lobbii 洛氏豆蘭

事實上，神山是婆羅洲島上擁有眾多蘭花分佈的代表地區之一，它提供了一系列的棲地和氣候帶，從低地雲霧雨林到山頂覆雪的山峰。不同地質特性影響了土壤，例如溪谷、沼澤等濕地及裸露的山脊，而這些相同海拔高度的地質特性又衍生出各自不同的微氣候帶。即使在海拔相同的地方，也有著不同的日照、溫度和濕度，這些因素深深影響了微氣候。因此山裡的氣候帶分成無數多樣化的區域，蘭花生長在這些精細的氣候劃分帶上，繁衍出各自不同的樣貌與姿態。

神山大約有超過 1000 種的蘭花，婆羅洲的特有種蘭花當中，有很高的比例都生長在神山。自古以來，熱帶蘭花的稀有和美麗讓許多園藝家和收藏家都趨之若鶩，因此引起很多「蘭花獵人」爭相採集，這裡的蘭花在地下市場仍然十分搶手，走私和非法收藏仍然不斷的發生。

我也喜歡蘭花，但如果你像我一樣曾經在雲霧飄渺的雨林裡，遇見一叢散發著淡淡暗香的美麗蘭花，那樣的感覺讓人捨不得將它佔為己有，囚禁在自家的人造花園裡！因為再也沒有一個地方比這個雨林天堂更適合蘭花的生長，也更能襯托出蘭花的優雅與美感了！

Liparis lobongensis 羊耳蒜

Liparis lobongensis 羊耳蒜

Anoectochilus setaceum 金線蓮

Dendrobium 石斛

高達 4 千多公尺的神山是東南亞地
區重要的蘭花分佈區域之一。

▲ *Phalaenopsis bellina* 貝麗娜蝴蝶蘭 ▼ *Papilionanthe hookeriana* 胡克蝶花蘭 ▲ *Dendrobium anosmum* 十八磅

▼ *Plocoglottis acuminate* 束蛇蘭 ▼ *Bulbophyllum lepidum* 豆蘭 ▲ *Coelogyne rhabdobulbon* 貝母蘭

▲ *Arundinagraminifolia* 鳥仔花．葦草蘭　▼ *Coelogyne pendulata* 提琴貝母蘭　▲ *Corybas pictus* 圖紋盔蘭

▼ *Thrixspermum centipede* 蜈蚣風蘭　▼ *Thrixspermum acuminatissimum* 蜘蛛風蘭

▼ *Paphiopedilum javanicum* 爪哇托鞋蘭　　▲ *Paphiopedilum rothschildianum* 羅斯托鞋蘭（托鞋蘭之王）

Paphiopedilum hookerae var. *volonteanum* 瘤斑胡克托鞋蘭 ▲　　*Paphiopedilum dayanum* 戴氏托鞋蘭 ▲

▲ *Coelogyne dayana* 戴氏貝母蘭

Chapter 5 singular plants to the rainforest

雨林小傘

MUSHROOMS

潮濕悶熱的雨林地面布滿了枯枝落葉，也孕育了許許多多的細小生命，各式各樣的蕈類、野菇都在地面上生長著。婆羅洲熱帶雨林裡，不時有乾枯的樹幹倒下，橫倒在森林中的樹幹，因為高濕度的關係，很快的腐爛敗壞，因此這裡也成了真菌的天堂。

雨林裡除了我們一般熟知類似一把小雨傘的菇菌形態，也有許多模樣完全顛覆了我們想像力的菌類。我最喜歡的是杯子狀的毛杯菌，透過林間穿透而下的陽光看鮮紅色毛杯菌，好像一杯杯盛有紅酒的高腳杯，正在森林中開著 party ！如果這場雨林 party 不夠熱鬧的話，當地人稱「少女的長裙」的菌類更能讓派對增添色彩！這個長相特殊的菌類，子托層下垂的白色菌裙，像似一件網狀的美麗長裙！也有人稱這種菌叫做「少女的面紗」，當我第一次聽到它的名字，就期待在森林裡與它相遇！而當我真的看到它在森林裡綻放時，情不自禁地拿著相機頻頻屈膝拜倒裙下，只為了一窺美麗少女的真面目；正為它癡迷之際，嚮導小邱說：「這菌類老外稱為少女長裙，華人拿它來煮雞湯！」這一席話，馬上把沈浸在浪漫想像的我拉回現實，原來這就是我曾嚐過的竹蓀，名為長裙竹蓀 (*Dictyphora duplicate*) 的它，老外給它取了浪漫的稱號，華人卻只在乎它的美味，真是中外大不同！不過美味歸美味，在現場拍攝的時候，這件網狀長裙卻一點都不美「味」，它頂上深褐色的子托層，不斷的散發出惡臭，也吸引許多果蠅前來，果然，有些美麗的事物只能遠觀，而不能褻玩焉！

▲ 長裙竹蓀的一種，有著粉紅色的網狀傘裙。 ▲ 鳥巢菌裡裝著它的褐色孢體。 ▼ 可愛的粉紅毛杯菌。 ▲ 某種多孔菌

▲不知名菌類，蕈摺很淺，粉紅色蕈傘十分美麗。 ▼黃色的口蘑菇類。 ▲ 某種鵝膏類，蕈傘很像餅乾。

Chapter 5 singular plants to the rainforest
幽幽螢光
FLUORESCENCE

與一整天的潮濕與悶熱比起來，夜晚的熱帶雨林比白天來得舒適一些，我喜歡夜探雨林，因為入夜之後的雨林，有我最熟悉的場景，有別於記憶裡的恐怖的黑暗森林，這裡的夜晚，光是裡頭傳出的聲響，就熱鬧的讓你分不清是黑夜還是白晝。各式各樣的鳴叫聲響此起彼落，但十多年來我總是無法分辨出哪種是蟲鳴，哪種是蛙叫！有時我喜歡聽著樹林間傳來的各式樂音，關上手電筒，靠著微弱的視線，在黑暗森林裡漫步，因為我知道常會有意想不到的發現。樹冠上的螢火蟲發出了微微的亮光，一閃一閃的猶如聖誕節的吊燈；叢林下層裡，也有另一種不會飛行、外形類似麵包蟲的螢火蟲，身上一排排如小燈泡般的亮點，在落葉堆裡發出微微亮光爬行著，這種當地人稱牠為「星蟲」的螢火蟲，也為一片漆黑的森林下層增色不少。

除了螢火蟲發出的亮光以外，漆黑的森林地上的落葉裡有時也會滲出一些零散的綠光，我一開始以為是透過樹冠灑下的月光，但仔細看才發覺是從樹葉上發出的，點亮手電筒搜尋，只是很平凡的落葉一堆，沒有異樣，這是帶有螢光的菌絲的傑作，通常要在大雨過後比較容易遇見，我還曾經看過一條粗大的樹藤也佈滿了螢光菌絲，宛如一條在廟裡龍柱上發著青光的蟠龍；要看到細小的螢光菌絲的發光，必須先讓眼睛適應黑暗，約 10 分鐘過後，才比較容易看到那微弱的光線。

在夜晚發光的螢光蕈，也是這片潮濕多雨的熱帶雨林裡特有的產物，一叢叢的白蕈傘在黑夜裡發出黃綠色的光芒，好像一支支立在枯木上的螢光小雨傘，美麗極了。

進入雨林至今十幾年來，無數個夜探雨林的夜晚，在雨林裡搜尋這些發光生命的蹤跡，誰說夜晚的森林一定黑暗恐怖？天上的、地下的點點的螢光，讓雨林的夜晚充滿了神秘的光芒，正等著你來探索！

▲ 婆羅洲熱帶雨林裡的螢光蕈因為種類不同，發出的螢光也有些許不同。

▼這種螢光蕈是膠質（如木耳）形態的。

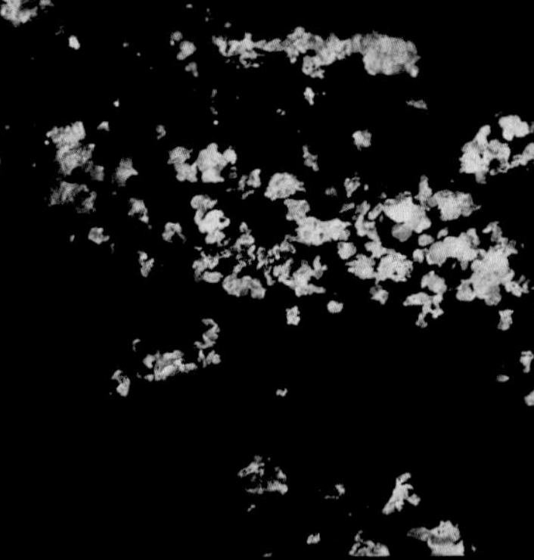

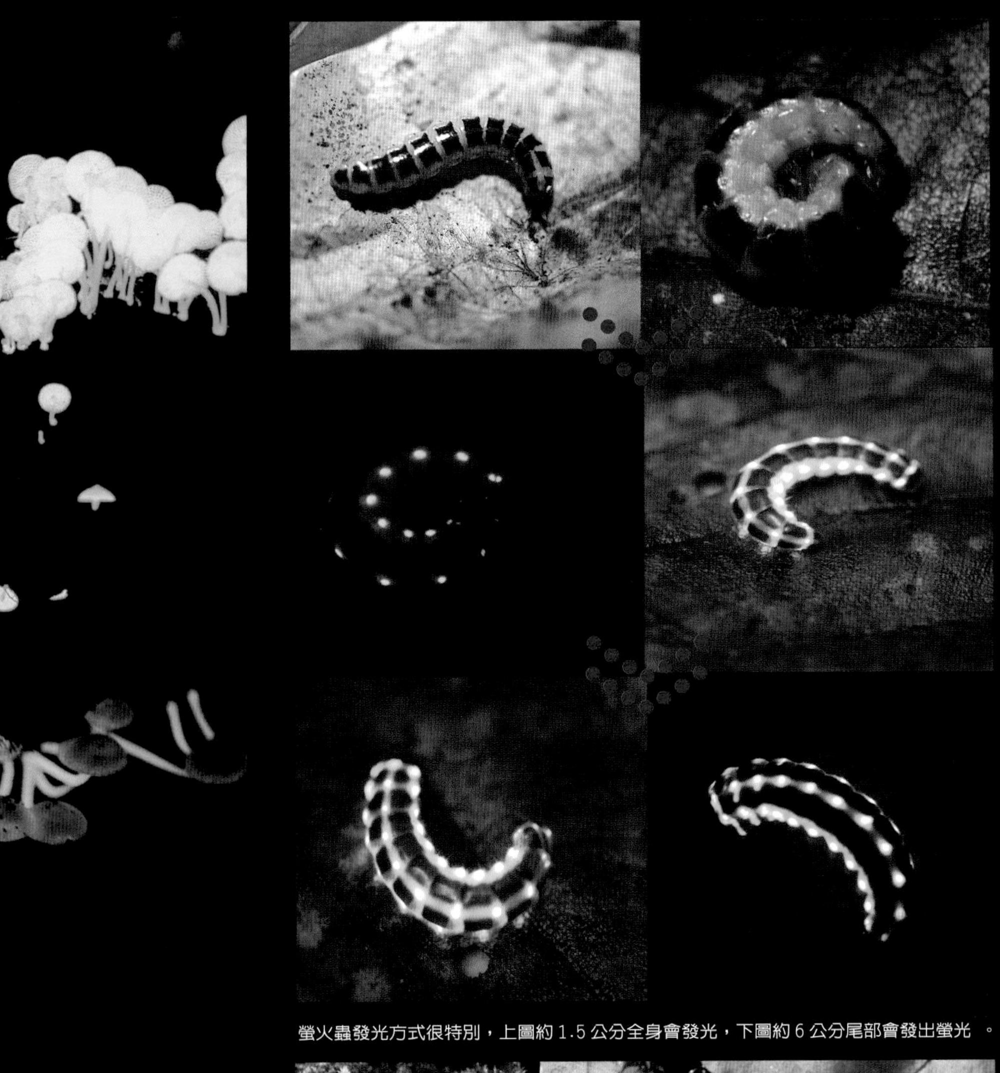

螢火蟲發光方式很特別，上圖約 1.5 公分全身會發光，下圖約 6 公分尾部會發出螢光 。

前進婆羅洲熱帶雨林

幾年前，一個朋友送我一本天下文化出版的絕版書『一頭栽進婆羅洲』，描述婆羅洲的雨林探險，光看書名就覺得好像在說我自己，一頭栽進了這個神秘的雨林深淵，不可自拔！就如書中主角說的：「在這裡，每天衣服乾了濕、濕了又乾，酸疼的雙腿認命默默地前進，食物不是太辣就是太鹹太酸，旅館不是馬桶壞了就是沒有熱水！」作者的說法，我深感認同，照這樣說來，熱愛雨林根本是自虐！不過要是能夠遇見，甚至拍攝到雨林裡的特殊生物，以上所說的苦都一筆勾消了！

螞蝗叮咬加上汗水，當然讓人看得觸目驚心，一個小洞並沒有什麼危害，來自心理的恐懼才是害怕主因。

要造訪雨林，我認為要先要克服氣候問題。位在赤道上的婆羅洲熱帶雨林 終年高溫多雨，氣溫都在攝氏 25 度以上，不下雨時濕度大約為 75%，下雨過後可達 90%，用濕呼呼來形容這裡，一點都不誇張，所以來到這裡除了要小心中暑，還要能忍受身體大量排汗的黏膩與不適。

很多人好奇，在婆羅洲雨林裡，是不是會有遇到鱷魚、大蟒蛇甚至猛獸攻擊的危險？其實大可不必擔心，這些所謂的恐怖動物，這麼多年來，我根本很少遇見過！婆羅洲熱帶雨林裡，大危險不多，小麻煩一堆，蚊子就是狠角色之一，森林裡飢餓的蚊子比猛獸還讓人害怕！因為牠們會咬得你全身紅腫，造成搔癢、心浮氣躁！另外火蟻也是恐怖的生物之一，只要你被牠叮咬過，你就會瞭解什麼叫做「錐心刺骨之痛」！不但痛，還會造成紅腫，對蟻酸過敏的人，甚至會有致命的危機！很多伙伴告訴我，他們不害怕蚊子和火蟻，最害怕螞蝗，其實，與前兩者比起來，螞蝗只是讓人感到「噁心」而已，似乎沒有蚊子和火蟻的傷害來得大！此外，有些蹣類和刺蛾毛蟲，也是必須小心防範的，牠們同樣會讓你又疼又癢！

這麼多年來我都是在這樣濕濕、癢癢中渡過我的雨林生活。若你要前進婆羅洲雨林，不用擔心，只要你作好準備，帶妥防蚊液、防曬油以及蚊蟲咬的藥膏，到達這裡之後，保證你馬上忘記這些煩人的傢伙，因為讓你驚奇的景色與生物實在太多太多啦！來到這神奇的土地上，即使全身總是一直濕濕癢癢，還是讓人樂此不疲呀！

全球熱帶雨林的面積正用難以想像的速度大幅的縮減之中，被稱為「亞洲氧氣供應中心」的婆羅洲，更是逃不過砍伐與開發的命運。十多年觀察下來，原始森林迅速的倒下，取而代之的，是經濟價值高漲的油棕。在飛機上看著這片土地，只能用「慘不忍睹」來形容，一大片一大片皆伐過後的林地上，種植著數也數不清的油棕樹，那整齊劃一的植物樣貌，成了這裡的新地景。從 80 年代開始，婆羅洲壯闊高聳的熱帶雨林，就在伐木業以及油棕工業的龐大利益誘惑下，開始飽受摧殘，每天都有幾個足球場大的原始森林遭到砍伐。大量種植的油棕，由果實所提煉出棕櫚油的再製產品，已深入我們的日常生活，被廣泛製成了食用油、化妝品、清潔用品等，幾乎無所不在。

這片雨林雖然被喻為「基因寶庫」，但熱帶雨林的殘酷破壞，卻是一天都不曾減緩過。你我身上穿的、家裡用的、嘴裡吃的，所有東西都跟這片熱帶雨林有聯結，嚴格的說，熱帶雨林遭到破壞，你我都得算上一份。保護熱帶雨林不僅只是為了保護雨林的物種與資源的永續利用，其實也是為了我們人類自己的生存，如果不修正我們的生活形態以及環境利用的思維，繼續濫用自然資源，我們終將自食惡果。

在地球村的觀念下，我們更要保護這片與我們息息相關的熱帶雨林，由自身做起，給予它多一分的關懷與保護，這樣地球萬物也得以永續生存。

為了取得油棕果，成千上萬原始雨林成了刀下亡魂。

【謝誌】

從來也沒想過，從一個簡單的雨林旅行，
會變成對雨林的迷戀與關懷，最後成為一本作品。
這中間歷經十多年的過程，也讓我擁有了生命中最豐富的快樂時光。
感謝我的媽媽以及妹妹的支持與體諒，讓我能無後顧之憂的記錄雨林，
也謝謝天下文化以及大樹文化願意出版我多年來的影像記錄，
讓更多讀者認識這片與我們息息相關的熱帶雨林。

這本書得以完成，
特別還要感謝以下朋友與協會的鼓勵與協助：
吳尊賢．吳詠騂．吳嘉錕．林維明．柯金源．范欽慧．游登良．
彭永松．陳愈惠．陳願先．奚志農．楊維晟．張蕙芬．張櫻馨．
鄭揚耀．鄭生隆．鍾文欽．劉春穆．謝盛財．謝善心．韓碧青（依姓氏筆畫順序排列）
中華民國荒野保護協會（S.O.W）．
馬來西亞砂勞越荒野保護協會（Sarawak S.O.W）

也感謝以下朋友提供相片資料：
ALICE．ANDREA KIEW．徐基東．段世同

最後，謹以這本書向給予我指導的——
荒野自然生態攝影家 徐仁修先生 致敬。

【參考書目】

◎熱帶昆蟲學／朱耀沂．歐陽盛芝合著／國立臺灣博物館印行

◎前進雨林／陳玉峯著／前衛出版社

◎拉漢英兩棲爬行動物名稱／中國科學出版社

◎兩生爬行類圖鑑／ Mark O' Shea & Tim Halliday 著 楊懿如審定／貓頭鷹出版社

◎哺乳動物圖鑑／ Juliet Clutton-Brock 編輯 黃小萍譯 李玲玲審定／貓頭鷹出版社

◎NATIONAL GEOGRAPHIC 2001 年 1 月號／雨林滑翔客 專題

◎NATIONAL GEOGRAPHIC 2008 年 12 月號／他不是達爾文 專題

◎探索人文地理 2010 二月號／地球．雨林．我／徐仁修著

◎探索人文地理 2010 三月號／你不認識的熱帶雨林／徐仁修著

◎MALAYSIA 環境全記錄 第 8．9．10．11．13．15 期

◎A POCKET GUIDE TO THE BIRDS OF BORNEO by Charles M. Francis / The Sabah Society

◎PHASMIDS of PENINSULAR MALAYSIA AND SINGAPORE by Francis Seow-Choen / Natural History Publications(Borneo)

◎A POCKET GUIDE AMPHIBIANS AND REPTILES OF BRUNEI by Indraneil Das / Natural History Publications(Borneo)

◎A POCKET GUIDE:PITCHER PLANTS OF SARAWAK by Clarke and Lee / Natural History Publications(Borneo)

◎A POCKET GUIDE: LIZARDS OF BORNEO by Indraneil Das / Natural History Publications(Borneo)

◎A Field Guide to the FROGS OF BORNEO by R.F Inger and R.B. Stuebing / Natural History Publications(Borneo)

◎A Field Guide to the SNAKES OF BORNEO by R.B. Stuebing and R.F Inger / Natural History Publications(Borneo)

◎A FIELD GUIDE TO THE MAMMALS OF BORNEO by Payne Francis Phillipps / WWF

◎RAFFLESIA OF THE WORLD by JAMILI NAIS / THE SABAH PARKS TRUSTEES

◎PITCHER PLANTS OF BORNEO by Phillipps, Lamb and Lee / Natural History Publications(Borneo)

◎THE ENCYCLOPEDIA OF MALAYSIA ANIMALS published by Yong Hoi Sen / ARCHIPELAGO PRESS

◎WILD BORNEO by NICK GARBUTT and CEDE PRUDENTE NEW HOLLAND

◎COLUGO The Flying Lemur of South-east Asia by Norman Lim Draco Publishing and Distribution Pte Ltd and National University of Singapore

◎PROBOSCIS MONKEYS OF BORNEO by E.L Bennett & F. Gombek / Natural History Publications(Borneo) and KOKTAS SABAH BERHAD

【雨林旅行資訊】 鍾 sir 生態旅遊網 www.eco-tour.tw

AMAZING
RAINFOREST
OF BORNEO